环保公益性行业科研专项经费项目系列丛书

环保投资的经济效应分析

Economic Impact Analysis of Environmental Investment

焦若静　杜雯翠　著

中国环境出版社·北京

图书在版编目（CIP）数据

环保投资的经济效应分析/焦若静，杜雯翠著. —北京：
中国环境出版社，2014.11
ISBN 978-7-5111-2107-3

Ⅰ. ①环…　Ⅱ. ①焦…　②杜…　Ⅲ. ①环保投资—
经济分析—研究—中国　Ⅳ. ①X196

中国版本图书馆 CIP 数据核字（2014）第 239198 号

出 版 人　王新程
责任编辑　张维平
封面设计　彭　杉

出版发行　中国环境出版社
　　　　　（100062　北京市东城区广渠门内大街 16 号）
　　　　　网　　　址：http://www.cesp.com.cn
　　　　　电子邮箱：bjgl@cesp.com.cn
　　　　　联系电话：010-67112765（编辑管理部）
　　　　　　　　　　010-67112738（管理图书出版中心）
　　　　　发行热线：010-67125803，010-67113405（传真）
印　　刷　北京市联华印刷厂
经　　销　各地新华书店
版　　次　2014 年 12 月第 1 版
印　　次　2014 年 12 月第 1 次印刷
开　　本　787×1092　1/16
印　　张　7.25
字　　数　170 千字
定　　价　28.00 元

环保公益性行业科研专项经费项目系列丛书

序　言

我国作为一个发展中的人口大国，资源环境问题是长期制约经济社会可持续发展的重大问题。党中央、国务院高度重视环境保护工作，提出了建设生态文明、建设资源节约型与环境友好型社会、推进环境保护历史性转变、让江河湖泊休养生息、节能减排是转方式调结构的重要抓手、环境保护是重大民生问题、探索中国环保新道路等一系列新理念新举措。在科学发展观的指导下，"十一五"环境保护工作成效显著，在经济增长超过预期的情况下，主要污染物减排任务超额完成，环境质量持续改善。

随着当前经济的高速增长，资源环境约束进一步强化，环境保护正处于负重爬坡的艰难阶段。治污减排的压力有增无减，环境质量改善的压力不断加大，防范环境风险的压力持续增加，确保核与辐射安全的压力继续加大，应对全球环境问题的压力急剧加大。要破解发展经济与保护环境的难点，解决影响可持续发展和群众健康的突出环境问题，确保环保工作不断上台阶出亮点，必须充分依靠科技创新和科技进步，构建强大坚实的科技支撑体系。

2006 年，我国发布了《国家中长期科学和技术发展规划纲要（2006—2020年）》（以下简称《规划纲要》），提出了建设创新型国家战略，科技事业进入了发展的快车道，环保科技也迎来了蓬勃发展的春天。为适应环境保护历史性转变和创新型国家建设的要求，原国家环境保护总局于 2006 年召开了第一次全国环保科技大会，出台了《关于增强环境科技创新能力的若干意见》，确立了科技兴环保战略，建设了环境科技创新体系、环境标准体系、环境技术管理体系三大工程。五年来，在广大环境科技工作者的努力下，水体污染控制与治理科技重大专项启动实施，科技投入持续增加，科技创新能力显著增强；发布了 502 项新标准，现行国家标准达 1 263 项，环境标准体系建设实现了跨越式发展；

完成了 100 余项环保技术文件的制修订工作，初步建成以重点行业污染防治技术政策、技术指南和工程技术规范为主要内容的国家环境技术管理体系。环境科技为全面完成"十一五"环保规划的各项任务起到了重要的引领和支撑作用。

为优化中央财政科技投入结构，支持市场机制不能有效配置资源的社会公益研究活动，"十一五"期间国家设立了公益性行业科研专项经费。根据财政部、科技部的总体部署，环保公益性行业科研专项紧密围绕《规划纲要》和《国家环境保护"十一五"科技发展规划》确定的重点领域和优先主题，立足环境管理中的科技需求，积极开展应急性、培育性、基础性科学研究。"十一五"期间，环境保护部组织实施了公益性行业科研专项项目 234 项，涉及大气、水、生态、土壤、固废、核与辐射等领域，共有包括中央级科研院所、高等院校、地方环保科研单位和企业等几百家单位参与，逐步形成了优势互补、团结协作、良性竞争、共同发展的环保科技"统一战线"。目前，专项取得了重要研究成果，提出了一系列控制污染和改善环境质量技术方案，形成一批环境监测预警和监督管理技术体系，研发出一批与生态环境保护、国际履约、核与辐射安全相关的关键技术，提出了一系列环境标准、指南和技术规范建议，为解决我国环境保护和环境管理中急需的成套技术和政策制定提供了重要的科技支撑。

为广泛共享"十一五"期间环保公益性行业科研专项项目研究成果，及时总结项目组织管理经验，环境保护部科技标准司组织出版"十一五"环保公益性行业科研专项经费项目系列丛书。该丛书汇集了一批专项研究的代表性成果，具有较强的学术性和实用性，可以说是环境领域不可多得的资料文献。丛书的组织出版，在科技管理上也是一次很好的尝试，我们希望通过这一尝试，能够进一步活跃环保科技的学术氛围，促进科技成果的转化与应用，为探索中国环保新道路提供有力的科技支撑。

中华人民共和国环境保护部副部长

吴晓青

2011 年 10 月

目　录

导　论

改革开放以来，我国正压缩式地经历着发达国家二三百年的工业化、城市化进程。工业化和城市化的高速发展带来了资源耗竭和环境污染，对环境质量形成巨大挑战。2011年10月以来我国多地灰霾天气造成严重大气污染，使得细颗粒物（PM$_{2.5}$）迅速成为社会热词。随后，PM$_{2.5}$被相继纳入环境空气质量标准和政府工作报告，全社会对PM$_{2.5}$的关注折射出当前我国环境污染的严峻性。其实，这样的空气问题不仅仅发生在中国，在全球工业化进程中也普遍存在着。不论是发达国家，还是发展中国家，都已经或正在为工业化和城市化付出惨痛的环境代价。

工业化与城市化对环境的影响总是反映出环境问题的两面性。工业化发展消耗了大量能源，释放出工业二氧化硫（SO$_2$）、工业粉尘、工业烟尘、工业化学需氧量（COD）等各种污染物；同时，工业化还为环境污染治理提供了资金来源（即环保投资），这使得环境污染源于工业化，而污染治理在某种程度上又要依赖于工业化。

城市化与环境的关系也具有两面性，城市中人口和工业的超速集中和过度集聚带来了不容忽视的资源环境问题，然而人口和工业的集中又便于有限的环保投资应用于污染治理，从而发挥更大的治理效力。在我国即将实现工业化，并进一步加快城市化进程的关键时刻，环境问题成为政府部门、学术界、媒体和公众关注的焦点。如何在这个工业化与城市化发展的重要节点处理好工业化、城市化与环境的关系？环保投资成为解决"新四化"建设中环境问题的重要环境经济政策之一。

其实，投资在经济学领域是一个提及率十分高的名词，也是发展中国家较为关注的经济指标。为促进经济增长，以我国为代表的发展中国家纷纷采用投资驱动模式，并取得了显著成就；为实现教育均等化，学术界提出要保证每年4%的教育投资水平；为提高劳动者素质，人力资本投资被视作经济增长的又一助力。同样，为了解决工业化和城市化带来的环境问题，环保投资被提高到国家战略层面，成为短期内解决环境问题的重要途径，一些国际组织与各国环境专家认为在现代的生产规模、技术水平和自然资源条件下，环保投资占国民生产总值的比例应该为1%～2%。那么，作为环境经济政策主要内容之一，环保投资究竟是通过怎样的途径作用于经济、就业、技术水平、环保产业等主要经济因素，进而影响环境质量呢？本书研究发现，环保投资有利于带动经济增长，有利于提高生产技术，有利于扩大就业数量，有利于促进环保企业发展，更有利于实现污染物全过程管理。本研究旨在研究环保投资在经济发展、就业增长、治污减排等社会目标实现中的地位与作用。环保投资与经济、就业、全过程管理等问题的关系见图0-1。

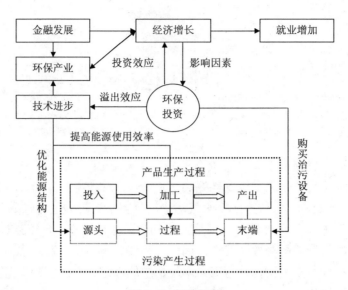

图 0-1　理论框架

图 0-1 反映了这样七种关系：

第一，环保投资与治污减排。事实证明，仅从末端治理入手的治污减排是不可持续的，只有兼顾源头预防、过程控制和末端治理的全过程管理才能从根本上降低污染排放概率，削减污染排放总量。因此，从末端治理向全过程管理的转变是我国环境保护部门在"十一五"期间的重要举措。环保投资对全过程管理的作用路径是不同的：环保投资对源头预防的作用主要体现为环保投资对能源消费结构的优化作用，能源消费结构的改进减少了化石能源的使用，从源头降低了污染排放概率；环保投资对过程控制的作用主要体现为环保投资对生产技术的溢出效应，生产技术的改进降低了单位产出的能源消耗，从过程减少了污染排放；环保投资对末端治理的作用主要体现为治污设备的采用和治污设施的建造，从末端削减已经生产出来的污染。本书第 2 章比较了"十五"与"十一五"时期工业 SO_2、工业 COD 和工业粉尘 3 种污染物全过程管理实现情况，并检验环保投资对全过程管理的作用与影响。

第二，环保投资与经济增长。首先，环保投资规模取决于当地的经济发展水平。经济发展水平越高，就越有财力投资环境事业。反之，经济发展相对落后的地区面临的首要问题是经济发展，可能无暇顾及环境质量。这也反映了环境库兹涅茨曲线（EKC）的核心内容，EKC 假设认为污染排放会随着经济的增长而逐渐降低，这源于经济增长带来了技术进步和环保投资增加，使得污染排放总量和强度随着经济增长而逐年下降。其次，环保投资又有利于经济增长。虽然环保投资的目的在于减少污染排放，改善环境质量，但环保投资从本质上看仍然是一种投资，这些投资被用于购买污染处理设备、建造污染处理设施，从而进一步促进了经济增长。本书第 3 章着重讨论环保投资与经济增长的关系，分析并检验环保投资对经济增长的带动，以及经济增长对环保投资的影响。

第三，环保投资与技术进步。环保投资在促进经济增长，改善环境质量的同时，还有利于企业生产技术的环保水平升级，进而降低单位产出的污染排放量。因此，在排污标准既定的前提下，企业为了提高产量，不得不改进生产技术，以降低能源消耗，这便是环保投资对技术进步的"溢出效应"。本书第 4 章利用环保投资将污染排放强度内生化，通过内生增长模型证明环保投资对生产技术的"溢出效应"，并检验我国 30 个地区环保投资溢出效应的作用效果。

第四，环保投资与社会民生。就业是民生之本，促进就业是安国之策，扩大就业是保障和改善民生的头等大事。因此，本书以就业为例，系统诠释环保投资与社会民生之间的作用机理与影响效果。直观来看，环保投资会对企业生产性投资形成一定的挤出，结果导致"由治污活动带来的就业"与"由生产活动带来的就业"之间出现替代关系。事实上，环保投资除了挤出生产性投资外，还有两个作用是不容忽视的。首先，部分环保投资被用于环保产业化，这部分投资同样是生产性的，与普通投资对就业的带动效应并无差别。因此，作用于环保产业化的环保投资会带动就业数量的增加。其次，部分环保投资被用于产业环保化，旨在提升非环保产业的生产清洁程度。这部分环保投资与就业的关系取决于技术进步与就业的关系，较为复杂。总体而言，环保投资对就业规模的影响取决于就业带动与就业挤出的比较。本书第 5 章从理论和实证两个角度分析了环保投资对就业规模与就业结构的作用机理和影响效果。

第五，环保投资与环保产业。环保投资对经济增长的带动作用不仅反映在环保投资自身对国民生产总值的贡献，还体现在环保产业对产业链上游产业的带动，以及对下游产业的推动。因此，环保产业对国民经济各部门的影响力反映出环保产业的影响力。本书第 6 章利用 2007 年中国投入产出表，分析环保产业对国民经济各部门的影响力。

第六，环保投资与环保企业发展。环保投资的微观经济效应体现在其对环保企业发展的推动作用，体现在如下几个方面：首先，随着环境规制的不断加强，对企业清洁生产的要求越来越高，各种环保标准不断提高，这些标准和规制要求排污企业加大环保投资，有效引导了排污企业对污染防治产品和服务的需求，加大了排污企业的环保投资，进而促进环保企业发展。同时，由于"三同时"制度的限制，企业在新建、改建、扩建各种项目时，必须同时设计、施工、投入生产和使用相应的环保投资项目，这就使企业对环保投资产生了刚性需求。其次，目前各级政府纷纷加大了环保投资力度，这些投资用于环境基础设施建设和工业污染源治理，直接派生了对环保产品和服务的需求，拉动了环保企业发展。再次，除直接派生环保需求外，环保投资的另一个作用在于提高环境技术，而环境技术的提高则进一步促进了环保企业的发展。本书第 7 章利用环保类上市公司的微观数据，检验环保投资对环保企业发展的影响。

第七，金融发展与环保投资。我国各省份环保投资的异质性不仅反映出当地财政支出能力的差异，更体现了金融发展的区域异质性。金融体制改革是经济体制改革的重要组成部分，金融发展是促进经济增长的主要源泉，也是影响企业融资约束的主要因素。从环保投资来源看，金融发展一方面促进经济增长，进而增加政府环保投资，另一方面缓解企业融资约束，进而增加企业环保投资。尽管金融发展对政府环保投资和企业环保投资的促进结果是一致的，但作用路径却是不同的。本书第 8 章深入讨论了金融发展对环保投资的影响，从资金来源的角度补充现有文献对环保投资影响因素的研究结论。

第1章 21世纪以来中国环境政策的深刻背景

在我国工业化即将实现、城市化加速前进的背景下，如何充分解决工业化压缩式发展累积的环境污染，及时应对城市化快速发展带来的环境污染，成为摆在各级政府面前的无法回避的难题。从世界各国的发展历史看，按照工业化与城市化的关系演进特点，可以将工业化与城市化发展阶段分为起步期、成长期和成熟期，起步期以工业化为核心，推动城市化发展；成长期进入了工业化与城市化中期阶段，二者互动发展特征最为明显；成熟期工业化的作用开始淡化，城市化逐步成为经济发展的重心（景普秋和陈甬军，2004）。因此，起步期的主要环境问题是工业化快速发展带来的，成熟期的主要环境问题是如何利用城市化消除工业化发展积累的污染存量，成长期面临的环境问题最为严重，该时期不仅是工业化环境问题集中爆发的高峰期，还是工业集聚与人口集聚的初期，如何解决好工业化、城市化与环境污染三者的关系成为解决起步期污染存量的关键，更为成熟期实现生态文明建设的基础。目前，我国恰恰正处于成长期这一关键时刻。在工业化与城市化互动发展的成长期，工业化、城市化与环境三个概念是无法割裂的。首先，工业化发展消耗了大量能源，释放出工业 SO_2、工业粉尘、工业烟尘、工业 COD 等各种污染物；其次，工业化还为环境污染治理提供了资金来源，这使得环境污染源自工业化，而污染治理在某种程度上又要依赖于工业化。另外，城市中人口与工业的超速集中与过度集聚带来了不容忽视的资源环境问题，人口与工业的集中又便于有限的环保投资应用于污染治理，从而发挥更大的治理效力。

1.1 工业化与环境污染

现有研究对工业化与环境污染的讨论主要围绕两个主题：一是工业化与污染水平，这部分理论研究以新古典经济增长理论为研究框架，将污染排放、环境质量等因素引入经济增长模型，讨论经济增长与环境污染之间的关系；经验研究是围绕环境库兹涅茨曲线（EKC）展开的，这些研究以各国数据为样本，利用多元回归，验证 EKC 假说是否存在。二是工业化与治污减排，这部分研究采用因素分解方法，分析影响工业化进程中经济总量、经济结构、技术进步、能源消耗等因素对污染排放变动的影响。

1.1.1 工业化与污染水平

（1）关于工业化与污染水平的理论研究

20 世纪 70 年代，随着环境问题的日益严重以及经济增长理论的发展，经济学家们开始把能源、环境污染问题引入新古典增长理论中。如 Dasgupta 和 Heal（1974），Stiglitz（1974）将资源的可耗竭性写入 Ramsey-Cass-Koopmans 模型的约束条件，分析了资源的最优利用路径。Bovenberg 和 Smulders（1995）将环境技术引进 Romer（1986）模型的生产函数，认为当环境规制足够有效时，经济持续发展是可以实现的。Scholz 和 Ziemes（1999）将资源环境因素引入 Romer（1990）模型，认为只有当资本产出弹性小于可耗竭资源产出弹性时，经济才可能实现可持续发展。Stokey（1998）将污染强度引入 Barro（1990）的 AK 模型，发现环境规制强度与税收制度是影响 EKC 曲线拐点的重要因素。Aghion 和 Howitt（1998）将环境的不可逆性引入 R&D 模型，讨论环境污染对可持续发展的影响。Barbier（1999）认为创新的"供给"可能受到资源短缺的限制，将资源短缺因素与人口增长引入 Romer-Stiglitz 模型，得出最优的平衡增长路径。Grimaud 和 Rougé（2003）等将环境污染与稀缺资源引入 Schumpeterian 模型中，分析环境与资源制对可持续发展的影响，以及政策因素对稳态的作用。孙刚（2004）在 Stokey-Aghion 模型的基础上，引入环境保护投入，认为社会计划通过环保投入改善环境，环保投入对环境质量改善的边际贡献率能否长期大于一个临界值是可持续发展能否维持的关键。彭水军和包群（2006）将环境质量作为内生因素同时引入生产函数与效应函数，构建三个带有环境污染约束的经济增长模型，认为严厉的环境规制有利于实现经济可持续发展。李仕兵和赵定涛（2008）基于 Romer 模型，将污染引入生产函数，环境质量引入效用函数，构建了一个带有环境污染约束的内生增长模型，推导出模型平衡增长路径的最优经济增长率。Lin et al.（2012）在 Stokey-Aghion 模型与孙刚（2004）的基础上，认为环保投入不仅能够改善环境质量，还有利于提高环境技术，产生溢出效应，从而实现可持续发展。上述理论文献发现，包含环境变化的内生增长模型基本上都支持新古典理论关于生态环境与经济增长关系的研究结论。一般情况下，相对于不含环境因素的内生增长模型，最优的污染控制要求一个较低的稳态增长率，并且严厉的环境标准有利于经济维持持续的增长。

（2）关于工业化与污染水平的实证研究

关于工业化与污染水平的实证研究主要围绕 EKC 假说展开，EKC 假说最早由 Grossman 和 Krueger（1991）提出，他们研究了 66 个国家不同地区内 14 种空气污染和水污染物质的变动情况，发现大多数污染物质的变动趋势与人均国民收入水平的变动趋势间呈倒 U 型关系，即当一国经济发展水平较低时环境污染较轻，但其恶化程度随经济增长而加剧，当该国经济发展达到一定水平后，环境质量会逐渐改善。他们试图以此研究模式来说明，若存在一定的环境政策干预，一个国家的整体环境质量或污染水平随着经济增长和经济实力增强表现为先恶化后改善的趋势。此后，国际上环境经济学界的研究者针对不同污染物（如 CO、SO_2、NO_x、CO_2、COD、烟尘、空气悬浮颗粒物），用大量统计数据验证 EKC 假说，发现这条曲线对于发达国家和新兴工业化国家在工业化时期都是普遍适用的（Panayotou，1993；Dasputa et al.，2002；Taylor 和 Copeland，2004；吴玉萍等，2002；Dinda，2004；彭水军和包群，2006；宋涛等，2007；刘金全等，2009）。还有一些学者用工业化发展水平代替 EKC 中的收入，专门研究了污染排放与工业化之间的关系（Jenkins，1998；Ryan，2012；张赞，2006），认为工业化水平与环境质量之间的发展态势符合 EKC 曲线特征。这些研究发现，经济增长和环境质量之间存在倒 U 型曲线关系，污染排放随经济增长而增加，在到达某点后又随经济增长而下降。换句话说，环境能够在工业化进程中实现自我调节，而这个调节过程依赖于经济结构调整和技术结构调整（Bruyn et al.，1998）。还有部分学者通过方向性距离函数研究了工业化进程与资源环境的协调性（涂正革，2008；

涂正革和肖耿，2009），认为现阶段我国工业快速增长的同时，污染排放总体上增长缓慢，环境全要素生产率已成为我国工业高速增长、污染减少的核心动力。

1.1.2 工业化与治污减排

工业化与环境污染的第二个讨论主题是工业化与治污减排。这类文献利用因素分解法，将污染排放总量或排放强度分解为经济总量、结构调整、能源效率、技术进步等因素，比较这些因素对改善环境质量的贡献大小。因素分解法包括拉氏分解法（Laspeyres Decomposition）与狄氏分解法（Divisia Decomposition）。拉氏分解法是假定其他因素不变，直接对各个因素进行微分，从而求出某一因素的变化对被分解变量的影响，这是最为常见的一种分解方法，在 20 世纪 70 年代末、80 年代初被广泛应用。狄氏分解法由 Divisia 提出，这种方法的宗旨是把分解出的各个因素都看成是时间的连续可微函数，对时间进行微分，然后分解出各个因素的变化对被分解变量的影响。与狄氏分解法相比，拉氏分解法的乘数分解关系很难割裂，因此狄氏指数法得到广泛应用。之后，Boyd *et al.*（1988）提出了算术平均的狄氏分解法（AMDI），Ang 和 Liu（2007）提出了对数平均的狄氏分解法（LMDI），对该方法进行了标准化改进。现有关于工业化与治污减排的文献大多采用上述方法。

De Bruyn（1997）使用 LMDI 分解了 1980—1990 年荷兰与西德的 SO_2 排放情况，发现两国单位产出的 SO_2 排放减少主要归功于技术效应，而结构效应的作用十分有限。Zhang（2000）对我国 1980—1997 年的 CO_2 排放进行了分解，认为人均 GDP 增加、人口增长和能源消耗强度提高是污染增加的主要原因。Hamilton 和 Turton（2002）分解了 1982—1997 年 OECD 国家的 CO_2 排放，发现人均 GDP 增加和人口增长提高了污染排放；而能源消耗强度降低和化石能源使用减少降低了污染排放。Levinson（2007）分解了 1970—2002 年美国四种主要污染排放，发现技术效应是降低污染排放量的主要原因。近年来，我国学者也开始利用分解的方法研究环境和能源问题。齐志新和陈文颖（2006）使用拉氏分解法分解了 1980—2003 年我国的能源效率的提高，认为产业结构调整和各产业部门能源消耗强度降低提高了能源使用效率。黄菁（2009）使用 LMDI 分解了 1994—2007 年我国四种主要工业污染物的排放情况，发现规模效应是增加工业污染的主要原因，技术效应是减少污染的最重要力量，结构效应的变化在一定程度上增加了我国的工业污染。李荔等（2010）使用 LMDI 分解了 1997—2007 年我国各地区的 SO_2 排放强度，并进行了东、中、西地区差异分解分析。研究发现，能源强度变化对 SO_2 排放强度变化起到了最为显著的作用，因此，要把提高能源利用效率作为重要工作方向。成艾华（2011）使用拉氏分解法分解了 1998—2008 年我国工业排污排放，研究发现技术效应对工业减排的贡献最大，而结构调整效应对环境的改善并不大。张平淡等（2012c）利用 LMDI 分解了 1998—2009 年我国 SO_2 排放强度，认为 SO_2 排放强度的降低主要源于污染处理技术的提高，其次是能源消耗强度的降低。张平淡等（2013）利用 LMDI 分解方法分解了 2001—2010 年我国工业 COD 排放强度，认为工业 COD 排放强度的降低主要归于水资源消耗强度效应，其次是污水处理效应，水资源重复利用效应几乎不存在。Zhang（2013）利用 LMDI 分解方法分解了 2001—2010 年我国工业 SO_2 排放强度，发现从"十五"到"十一五"，中国开始了从末端治理向全过程管理的转型。杜雯翠（2013c）利用 1990—2009 年全球 6 个工业国和 7 个准工业国的经济与环境数据，通过因素分解方法将各国空气质量的改善分解为能源效应和技术效应两个部分，发现工业国多依靠提高能源效率改善空气质量，准工业国则更多地依靠治污技术的应用。

1.2　城市化与环境污染

城市化与环境污染的研究最早见于人口与环境污染的相关文献中，这些文献检验了人口增长对污染排放的影响，认为污染排放与人口增长呈现正相关关系（Daily 和 Ehrlich，1992；Zaba 和 Clarke，1994；Dietz 和 Rosa，1997；Cramer，1998，2002；Cramer 和 Cheney，2000）。其中，Shi（2003）利用 1975—1996 年共 93 个国家的数据检验人口与环境污染之间的关系，发现两者的正相关关系在低收入国家更加明显，在高收入国家并不是那么明显。Martínez-Zarzoso et al.（2007）发现人口增长与环境污染的正相关关系在欧盟老成员国和新成员的表现存在差异。

现有研究对城市化与环境污染的检验结果主要分为三类。第一类研究认为城市化与环境污染之间的关系是线性的，城市化带来了能源消费增长，进而恶化了环境质量（Parikh 和 Shukla，1995；Cole 和 Neumayer，2004；York，2007；王会和王奇，2011）。其中，Parikh 和 Shukla（1995）、Cole 和 Neumayer（2004）和 York（2007）认为城市化带来的能源消费增长是导致环境恶化的主要原因。例如，Parikh 和 Shukla（1995）检验了发展中国家城市化水平对温室气体排放与能源消耗的影响，发现城市人口每增加 10%，能源消耗上升 4.7%，CO_2 排放上升 0.3%。Cole 和 Neumayer（2004）检验了 1975—1998 年 86 个发达国家的城市化与污染排放的关系，发现城市化率每上升 10%，CO_2 排放量增加 7%。Virkanen（1998）、冯薇（2006）和侯凤岐（2008）并没有研究城市化与环境污染的关系，但他们研究了工业集聚对环境污染的影响，而工业集聚正是城市化的主要表现之一。他们认为工业集聚对环境污染产生了负面作用。王会和王奇（2011）以牛奶生产为例，分析了城市化如何引起人们生活方式的改变，进而说明城市化从生活和生产两个方面恶化了环境质量。

第二类研究认为城市化与环境污染之间的关系是线性的，但城市化能够提高公共设施和公共交通的使用，形成产业集聚，进而降低能源消耗和污染处理成本（Xepapadeas，1997；Andreoni 和 Levinson，2001；Managi，2006），从而有利于污染排放的降低（Fan et al.，2006；Liddle 和 Lung，2010；闫逢柱等，2011；蒋洪强等，2012）。

第三类研究认为城市化与环境污染之间的关系是非线性的，这些研究借鉴 EKC 的实证方法，检验城市化率与污染排放的关系，得到了不同结论。现有文献发现城市化率与环境污染之间呈现倒 U 型（Ehrhardt-Martinez et al.，2002；York et al.，2003；Martínez-Zarzoso 和 Maruotti，2011；杜江和刘渝，2008；王家庭和王璇，2010；黄棣芳，2011），N 型（黄棣芳，2011），正 U 型（杜江和刘渝，2008；黄棣芳，2011；何禹霆和王岭，2012；杜雯翠和冯科，2013）等多种关系。

国内外现有理论研究对城市化与环境污染之间的关系并没有达成一致，实证检验结果也存在很大差异。主要原因有两个：第一，城市化与环境之间的关系是复杂的，这不仅取决于城市化进程的速度，还受城市化的社会环保意识、经济结构调整和法律制度健全等因素的影响（杜江和刘渝，2008）。可一些实证研究仅以城市化率和污染排放为自变量和因变量做回归，遗漏了其他影响污染排放的重要因素，一些研究在加入其他控制变量后也发现结论有很大变化，因此，这种结论并不稳健。第二，样本选择差异也是造成结论千差万别的主要原因。

1.3 信息化与环境污染

2002 年党的十六大明确提出，以信息化带动工业化，以工业化促进信息化，走"资源消耗低、环境污染少"的新型工业化道路。经过"十五"到"十一五"两个五年计划，我国新型工业化是否实现？工业化与信息化的深度融合是否在保证经济增长的同时，改善了环境质量？如何通过工业化与信息化的融合开展生态文明建设？这些问题都是需要解决的。然而，现有理论研究多关注工业化、信息化与环境质量三个概念的两两关系，较少将三者结合起来，分析"两化"融合对环境质量的影响。

事实上，工业化、信息化、环境质量三个概念是息息相关、无法割裂的。首先，关于工业化与环境质量，环境经济学提出 EKC 假说，认为工业化与污染排放呈倒 U 型关系，即当一国经济发展水平较低时环境污染较轻，其恶化程度随经济增长而加剧，当该国经济发展达到一定水平后，环境质量会逐渐改善（Grossman 和 Krueger，1991）。相关文献用大量统计数据验证 EKC 假说，发现这条曲线对于发达国家和新兴工业化国家在工业化时期都是普遍适用的（Panayotou，1993；Dasputa *et al.*，2002；Taylor 和 Copeland，2004；吴玉萍等，2002；Dinda，2004；彭水军和包群，2006；宋涛等，2007；刘金全等，2009）。其次，关于工业化与信息化，现有研究结论较为一致，认为信息化可以带动工业化，而工业化对信息化又有促进作用（俞立平等，2009；乌家培，1993），两者之间是相互融合的关系（肖静华等，2006；谢康等，2012）。再次，关于信息化与环境质量，现有研究较少涉及。国外文献主要集中于环境法领域，这些研究讨论了环境政策制定与实施中的信息成本问题（Krier 和 Stewart，1971；Krier 和 Montgomer，1973；Krier 和 Ursin，1977），以及环境领域的信息规制（Information Regulation）问题（Salzman，1999；Case，2001），这与我国信息化的概念是有差别的。国内文献多属概念讨论与描述分析，缺乏逻辑演绎与实证分析。唐小坤和王哲（2007）分析了信息化在环保领域的作用，认为信息化有利于环境监管部门及时获取数据，提高环保执法水平。陈滢和王爱兰（2010）认为信息化与工业化融合将对实现能源品种多元化、节能减排、降低污染、发展低碳工业具有重要的技术辅助作用，是发展低碳经济的一条有效途径。相比之下，唐小坤和王哲（2007）对信息化与环境保护的关系界定是狭义的，信息化对环保领域的作用只是信息化与环境污染关系的一部分，信息化对环境保护的意义还在于其对工业生产方式的改变。陈滢和王爱兰（2010）的界定较为合理，但仅限于描述性分析，缺乏理论依据与经验证据。可见，现有研究对信息化、"两化"融合与环境质量的关注是不足的。

"两化"融合与环境污染有着密不可分的关系。首先，工业化提高了人们的生活条件，而信息化则改变了人们的生活方式。例如，智慧电力赋予消费者管理其电力使用，并选择污染最小的能源权力，减少电网内部的浪费，提高家庭能源使用效率并保护环境。其次，工业化增加了企业的产品数量，信息化则改变了企业的生产方式。通过办公自动化减少见面沟通，节约纸张；通过企业资源计划把产、供、销、人、财、物进行有机组合，降低生产的中间损耗。再次，信息化实现了污染源监测的立体化、实时化、连续化，有利于治污减排政策的实施。最后，信息化改变了城市发展方式。例如，智慧城市的兴起从交通、医疗、公共安全、公共事业、教育、市民服务等方面，通过新一代信息技术的应用，令城市生活更加智能，优化有限资源的使用，减少污染、保护环境。另外，信息化本身就是资源节约、环境友好的。从原材料角度看，信息化建设的投入大部分为人力资源，生产材料和能源投入相对较少；从产出角度看，信息化产品能够被重复利用，是可再生的；从污染角度看，信息化产品的生产过程不排放污染，生产过程是清洁的。因此，在工业化与城市化快速发展的中国，只有将工业化与信息化融合起来，才能在发展经济的同时，改善环境质量，破解工业化与城市化进程中的环境污染难题。

1.4　农业现代化与环境污染

农业现代化是指从传统农业向现代农业转化的过程和手段。在这个过程中，农业日益用现代工业、现代科学技术和现代经济管理方法武装起来，使农业生产力由落后的传统农业日益转化为当代世界先进水平的农业。改造传统农业、建设现代农业、实现农业现代化，是我国长期而艰巨的任务。然而，在农业生产日益走向现代化的同时，农业现代化带来的环境污染问题也逐渐凸显出来。

一方面，工业化发展对农业环境造成了巨大污染。例如，我国因固体废物堆弃而被占用和损毁的农田面积已达 200 万亩以上，8 000 万亩以上的耕地遭受不同程度的大气污染。全国利用污水灌溉的面积已经占全国总灌溉面积的 7.3%，比 10 年前增加了 1.6 倍。由于大量工业污水排放入海、入江，每年造成渔业经济损失几十亿元。

另一方面，农业自身造成的污染也日趋严重。据 2005 年《中国统计年鉴》，化肥年使用量 4 637 万 t，按播种面积计算，化肥使用量达 40 t/km^2，远远超过发达国家为防止化肥对土壤和水体造成危害而设置的 22.5 t/km^2 的安全上限（苏杨和马宙宙，2006）。地膜污染、农业废弃物、畜禽粪便等污染也呈加剧趋势。

可见，农业现代化与环境污染之间的关系是双向的。工业化带来的环境污染严重损害了农业现代化发展所必需的农业生产资料，例如土地、空气、水，从而在一定程度上阻碍了农业现代化的发展。反过来，农业现代化打破了传统耕种模式，采用了更多的农机用具和农业试剂，但这些农业现代化产品与工具（如化肥、农药、地膜等）往往会对土壤、水等环境资源带来极大污染，这些污染恰恰是难以降解、难以处理的。因此环境污染制约农业现代化发展，而农业现代化发展又反作用于环境，造成更加严重的环境污染。如果不解决农业现代化带来的环境污染，或者环境污染对农业现代化的负面影响，农业现代化与环境污染将陷入可怕的恶性循环。

1.5　21 世纪以来的我国环境管理

在刚刚结束的 2014 年全国"两会"提案议案中，环保类提案议案占 27%，雾霾成为最受关注的话题，其关注度远超过就业、腐败、立法等热点话题，足见国家与公众对环境污染问题的急切关注。事实上，21 世纪以来，我国对环境问题早已日益重视。特别是党的十六大以来，相继提出了"两型社会"和"生态文明"理念，环境保护从认识到实践都发生了重大转变，环境管理取得了积极进展。

然而，21世纪以来我国的环境问题是十分复杂的，我国的环境问题是工业化继续发展、城市化快速提升、信息化尚待完善、农业现代化刚刚起步的复杂背景下的复杂环境问题。

首先，我国的环境问题与发达国家有相似之处，又有不同所在。我国的环境问题与发达国家一样，同样爆发于工业化即将完成的时期。然而，发达国家的环境问题源于其上百年的工业化发展，而我国的环境问题则源于短短几十年的工业化发展。因此，我国的环境问题在资本积累尚未充足的情况下爆发，需要我们在保障经济社会继续向前发展的情况下解决，这既为我国环境保护事业提出了高要求，又考验了我国政府对污染治理的决心。

其次，我国的环境问题与其他发展中国家有相似之处，又有不同所在。我国的环境问题与其他发展中国家一样，同样爆发于工业化即将完成的历史阶段。然而，由于制度原因，其他发展中国家的城市化进程远远超过中国（例如南美洲发展中国家），使得这些发展中国家环境问题爆发的同时，陷入了中等收入陷阱。与这些国家不同，我国城市化进程相对缓慢，工业化与城市化进程的不同步恰好给环境问题的有效处理提供了机会与窗口。试想，如果我国目前城市化水平已经接近70%，那么我们一方面要积极消除工业化带来的环境污染，另一方面要努力减少城市化带来的环境污染，而一旦这两个方面的环境污染集中在同一个区域，环境风险将大幅度上升，直接关系到我国十几亿人民的生命安全与生活质量。

由此可见，我国的环境问题既是悲观的，又是乐观的，这主要取决于我们能否很好地解决环境保护与"新四化"（即工业化、城镇化、信息化、农业现代化）之间的关系。作为解决我国复杂环境问题的环境管理手段之一，环保投资是唯一可量化的环境管理手段，这正是本书选择环保投资这一视角，尝试从环保投资的角度找到破解"新四化"建设中环境问题的突破口与杀手锏的原因。

第2章 环保投资的治污减排效应

2.1 环境管理的未来：从末端治理到全过程管理

自 1983 年第二次中国环境保护工作会议把环境保护确定为基本国策以来，治污减排在中国环保工作中就占据着非常重要的位置。特别是"十一五"以来，主要污染物排放总量显著减少被作为经济社会发展的约束性指标，在此期间，两种主要污染物减排目标都提前完成，主要污染物排放强度也大幅降低。以 SO_2 为例，排放总量从 2005 年的 2 549.3 万 t 下降至 2010 年的 2 185.1 万 t，排放强度从 2001 年的 143 t/亿元下降至 2010 年的 54 t/亿元。

尽管治污减排作为整体被置于主要战略位置，其实，治污是治污，减排是减排。治污（end-of-pipe solutions）指的是利用污染处理设备对已经产生的污染物进行处置处理，使之达到排放标准，减少对环境的损害。治污的好处在于它不会对生产过程产生影响，并且技术相对成熟（Zotter，2004）。减排（process-integrated solutions）指的是从源头使用清洁能源和原料，以及在生产过程中提高生产工艺和技术，减少能源使用，从而控制污染物的产生。与治污相比，减排在环境保护和节约成本方面更具优势（Hitchens *et al.*，2003；Horbach 和 Renings，2004；Renings *et al.*，2004a；Renings *et al.*，2004b）。从全过程管理来看，治污是指末端治理，减排是指源头防治和过程控制。从发达国家保护环境的实践来看，最终都转向了全过程管理（周生贤，2011）。治污是"标"，减排是"本"，没有生产全过程的"减排"，不向全过程管理转型和转变，就无法真正实现"环境友好型、资源节约型"社会的建设。因此，中国环境保护部门在"十一五"期间大力倡导从末端治理向全过程管理的转变（周生贤，2006）。那么，从"十五"到"十一五"，中国实现了这样的转变吗？环保投资又在这种转变中发挥了怎样的作用？

本章以工业 SO_2、工业 COD 和工业粉尘减排为研究对象，采用 Ang 和 Liu（2007）提出的 LMDI 方法，从全过程管理入手，把中国污染排放强度降低分解为源头防治、过程控制和末端治理三个部分，评价"十五"和"十一五"期间中国是否实现了从末端治理向全过程管理的转型或转变。同时，进一步检验环保投资对治污减排全过程管理的影响。

2.2 治污减排效应的作用机理

近些年来，因素分解法被广泛应用于能源和环境问题的讨论。因素分解法包括拉氏分解法（Laspeyres Decomposition）和狄氏分解法（Divisia Decomposition）两种。与狄氏分解法相比，拉氏分解法的乘数分解关系很难割裂，因此，由 Divisia 提出的狄氏指数法得到更为广泛的应用。之后，Boyd *et al.*（1998）提出了算术平均的狄氏分解法（AMDI），Howarth *et al.*（1991）和 Park（1992）对该方法进行了标准化改进，Ang 和 Liu（1997）提出了 LMDI。LMDI 方法具有不包括不能解释的残差项、乘法分解的结果有加法特性、加法分解和乘法分解之间存在简单的对应关系、分部门效应加总与总效应保持一致等特点，因此更适合于能源强度变动和污染排放强度变动的因素分解分析。目前，LMDI 被广泛应用于能源和环境问题的研究，本章也采用 LMDI 对污染物全过程管理进行分解。

全过程管理最终表现为污染排放强度的变化，即单位产出的污染排放：

$$I_t = \frac{E_t}{Y_t} \tag{2-1}$$

式中，I_t 代表 t 年的污染排放强度；E_t 代表 t 年的污染排放量；Y_t 代表 t 年的国内生产总值（GDP）。

引进新变量，将式（2-1）进一步改写为如下形式：

$$I_t = \frac{G_t}{Y_t} \cdot \frac{E_t}{G_t} \tag{2-2}$$

式中，G_t 为 t 年的能源消耗总量；G_t/Y_t 为能源消耗强度；E_t/G_t 为单位能源的污染排放量。

按照能源消费结构，能源消耗总量可以分为非清洁能源和清洁能源两种。式（2-2）可以进一步写成：

$$I_t = \frac{G_t}{Y_t} \cdot \frac{\mathrm{DE}_t + \mathrm{CE}_t}{G_t} = \frac{G_t}{Y_t} \cdot \left(\frac{\mathrm{DE}_t}{G_t} + \frac{\mathrm{CE}_t}{G_t} \right) = \frac{G_t}{Y_t} \cdot \left(\frac{\mathrm{DG}_t}{G_t} \cdot \frac{\mathrm{DE}_t}{\mathrm{DG}_t} + \frac{\mathrm{CG}_t}{G_t} \cdot \frac{\mathrm{CE}_t}{\mathrm{CG}_t} \right) \tag{2-3}$$

式中，DG_t 为 t 年非清洁能源消耗总量；CG_t 为 t 年清洁能源消耗总量；DE_t 为 t 年非清洁能源消耗产生的污染排放量；CE_t 为 t 年清洁能源消耗产生的污染排放量；DG_t/G_t 为非清洁能源消耗比例；CG_t/G_t 为清洁能源消耗比例；$\mathrm{DE}_t/\mathrm{DG}_t$ 为非清洁能源的污染排放强度；$\mathrm{CE}_t/\mathrm{CG}_t$ 为清洁能源的污染排放强度。

假设清洁能源不排放污染物，则 $\mathrm{CE}_t = 0$，$\mathrm{DE}_t = E_t$。式（2-3）可以写成如下形式：

$$I_t = \frac{G_t}{Y_t} \cdot \frac{\mathrm{DG}_t}{G_t} \cdot \frac{E_t}{\mathrm{DG}_t} \tag{2-4}$$

用 $a_t = G_t/Y_t$ 代表 t 年的能源消耗强度，称为"过程控制"；$b_t = \mathrm{DG}_t/G_t$ 代表 t 年的能源消费结构，称为"源头防治"；$c_t = E_t/\mathrm{DG}_t$ 代表 t 年的单位能源的污染排放量，由于中国的环境管理事业仍处于起步阶段，污染物消除主要依赖污染处理技术，因此，将该项视为"末端治理"。然后，对式（2-4）左右两边同时求对数，并对时间 t 求导，得到：

$$\frac{\mathrm{d}\ln I}{\mathrm{d}t} = \frac{\mathrm{d}\ln a_t}{\mathrm{d}t} + \frac{\mathrm{d}\ln b_t}{\mathrm{d}t} + \frac{\mathrm{d}\ln c_t}{\mathrm{d}t} \tag{2-5}$$

利用定积分的定义，将式（2-5）写成如下形式：

$$\ln \frac{I_T}{I_0} = \int_0^T \left(\frac{\mathrm{d}\ln a_t}{\mathrm{d}t} + \frac{\mathrm{d}\ln b_t}{\mathrm{d}t} + \frac{\mathrm{d}\ln c_t}{\mathrm{d}t} \right) \mathrm{d}t \tag{2-6}$$

整理得到：

$$\frac{I_T}{I_0} = \exp\left(\int_0^T \frac{\mathrm{d}\ln a_t}{\mathrm{d}t}\right) \cdot \exp\left(\int_0^T \frac{\mathrm{d}\ln b_t}{\mathrm{d}t}\right) \cdot \exp\left(\int_0^T \frac{\mathrm{d}\ln c_t}{\mathrm{d}t}\right) \tag{2-7}$$

为消除因分解带来的残差项,借鉴 Ang 和 Choi(1997)构造对数平均数的思路,构造如下对数平均数:

$$f_j\left(t^*\right) = \frac{L\left(\dfrac{E_{j0}}{Y_0}, \dfrac{E_{jT}}{Y_T}\right)}{L\left(\dfrac{E_0}{Y_0}, \dfrac{E_T}{Y_T}\right)} = \frac{\left(\dfrac{E_{j0}}{Y_0} - \dfrac{E_{jT}}{Y_T}\right) \Big/ \ln\left(\dfrac{E_{j0}}{Y_0} - \dfrac{E_{jT}}{Y_T}\right)}{\left(\dfrac{E_0}{Y_0}, \dfrac{E_T}{Y_T}\right) \Big/ \ln\left(\dfrac{E_0}{Y_0}, \dfrac{E_T}{Y_T}\right)} \tag{2-8}$$

最后,可以得到:

$$\frac{I_T}{I_0} = \exp\left[f\left(t^*\right)\ln\frac{a_t}{a_0}\right] \cdot \exp\left[f\left(t^*\right)\ln\frac{b_t}{b_0}\right] \cdot \exp\left[f\left(t^*\right)\ln\frac{c_t}{c_0}\right] \tag{2-9}$$

可以证明,这种分解是完全的,这样,式(2-9)可以写成:

$$D = D_{\text{density}} \times D_{\text{structure}} \times D_{\text{treatment}} \tag{2-10}$$

式中,D 是全过程管理的总体效果,可以写成三个分解效应的乘积,即源头防治($D_{\text{structure}}$)、过程控制(D_{density})和末端治理($D_{\text{treatment}}$)。

2.3 治污减排效应的影响比较

2.3.1 工业 SO_2 的全过程管理

以工业 SO_2 排放强度降低为研究对象,按照 LMDI 分解方法,从源头防治、过程控制、末端治理三个环节对 2001—2010 年工业 SO_2 排放强度降低进行分解,并计算三个环节的贡献率(见表 2-1)。

表 2-1 2001—2010 年工业 SO_2 排放强度降低的分解结果

时间段	Δ排放强度	其中		
		源头防治	过程控制	末端治理
2001—2002	−0.001 2	0.006 5(−568.09%)	−0.000 3(27.70%)	−0.007 4(640.39%)
2002—2003	−0.000 4	0.000 2(−40.24%)	−0.000 2(61.01%)	−0.000 3(79.22%)
2003—2004	−0.001 7	−0.000 0(2.14%)	−0.000 6(35.27%)	−0.001 1(62.60%)
2004—2005	0.000 1	−0.000 8(610.55%)	−0.000 3(207.98%)	0.001 2(−918.53%)
2005—2006	−0.001 0	0.000 0(−3.43%)	−0.000 4(36.22%)	−0.000 7(67.20%)
2006—2007	−0.002 1	−0.000 1(5.81%)	−0.001 0(47.89%)	−0.001 0(46.31%)
2007—2008	−0.001 8	−0.000 0(1.21%)	−0.001 1(60.09%)	−0.000 7(38.70%)
2008—2009	−0.000 4	0.000 0(−0.19%)	0.000 3(−72.56%)	−0.000 7(172.74%)

时间段	Δ排放强度	其中		
		源头防治	过程控制	末端治理
2009—2010	0.002 1	−0.000 2（9.31%）	0.002 4（−113.52%）	−0.000 1（4.22%）
2001—2010	−0.006 2	0.004 0（−64.69%）	−0.000 1（1.70%）	−0.010 1（162.99%）
"十五"	−0.003 1	0.005 3（−171.63%）	−0.001 4（47.16%）	−0.006 9（224.47%）
"十一五"	−0.002 2	−0.000 4（19.02%）	0.001 2（−57.72%）	−0.003 0（138.69%）

注：2001—2002 年的Δ排放强度是指 2002 年工业 SO_2 排放强度相比 2001 年的变动幅度。GDP 数据来自《中国统计年鉴》，其他数据来自《中国环境年鉴》。为保证数据的可比性，对每年 GDP 进行相应的价格平减（2001 年=100）。

由表 2-1 可知，从"十五"到"十一五"，工业 SO_2 排放强度降低了 29.7%，这主要归功于末端治理。不过，末端治理的贡献率从"十五"期间的 224.47%降至"十一五"期间的 138.69%。可以说，工业 SO_2 排放强度降低已经逐步减少了对末端治理的依赖，开始了从末端治理向全过程管理的转型。当然，中国还没有实现真正的扭转或转变，即治污未必减排，此外，过程控制堪忧。过程控制的贡献率由"十五"期间的正转为"十一五"期间的负，从逐年来看，2001—2008 年过程控制的贡献率为正，2009—2010 年过程控制的贡献率为负，说明由企业生产技术进步主导的过程控制还没有发挥主体作用。

进一步，对 2001—2010 年中国 30 个地区工业 SO_2 排放强度进行 LMDI 分解，计算"十五"、"十一五"期间各个地区全过程管理的分解结果。附录 1 列出了"十五"和"十一五"期间的分解结果，由于数据原因，只有 26 个地区可以进行"十五"与"十一五"的比较。由附录 1 可知，"十一五"期间末端治理贡献率小于"十五"期间末端治理贡献率的地区有 16 个，说明这些地区开始了从末端治理向全过程管理的转型，而 10 个地区在"十一五"期间的末端治理贡献率大于"十五"期间的末端治理贡献率，说明这 10 个地区还没有开始从末端治理向全过程管理的转型，仍依赖于对已产生污染物的处理。从过程控制来看，贡献率"十一五"期间大于"十五"期间的有 17 个地区，说明这些地区更依靠技术进步来推动转型，对污染物产生环节的治理已经富有成效，不过，还有 9 个地区的过程控制不甚理想。比较各地区在"十五"、"十一五"期间的减排途径，根据是否实现了从末端治理向全过程管理的转型、过程控制是否有所提升这两个维度，可以将这 26 个地区分为四类（表 2-2）。

表 2-2 "十五"、"十一五"期间各地区工业 SO_2 全过程管理的路径选择

	已实现全过程管理	未实现全过程管理
过程控制有提升（17 个地区）	13 个地区：河北、内蒙古、黑龙江、江苏、江西、山东、湖南、广西、四川、贵州、云南、陕西、新疆	4 个地区：浙江、湖北、广东、甘肃
过程控制没有提升（9 个地区）	3 个地区：北京、山西、河南	6 个地区：天津、辽宁、吉林、上海、安徽、福建

注：由于海南、重庆、西藏、青海、宁夏 5 个地区缺少"十五"期间的数据，因此本表中地区总数为 26 个。

由表 2-2 可知，共有 13 个地区既开始了从末端治理向全过程管理的转型，过程控制还有所提升。以江西为例，"十五"期间主要依赖治污，末端治理的贡献率为 191.39%，源头防治、过程控制的贡献率都为负值，到了"十一五"期间，源头防治、过程控制、末端治

理的贡献率都为正，实现了向全过程管理的转型，而且，过程控制得到了大幅提升，"十一五"期间贡献率为 42.36%，末端治理的贡献率大幅下降，贡献率仅为 47.24%，治污和减排的贡献率相当。值得注意的是，仍有 6 个地区，不仅没有开始从末端治理向全过程管理的转型，而且，过程控制也没有提升。

2.3.2　工业 COD 的全过程管理

以工业 COD 排放强度降低为研究对象，按照 LMDI 分解方法，从源头防治、过程控制、末端治理三个环节对 2001—2010 年工业 COD 排放强度降低进行分解，并计算三个环节的贡献率（表 2-3）。

表 2-3　2001—2010 年工业 COD 全过程管理的分解结果

时间段	Δ排放强度	其中		
		源头防治	过程控制	末端治理
2001—2002	−0.000 7	−0.000 5（69.80%）	0.000 1（−18.33%）	−0.000 3（48.53%）
2002—2003	−0.001 1	−0.000 4（35.99%）	0.000 0（−4.01%）	−0.000 7（68.01%）
2003—2004	−0.000 6	−0.000 4（71.83%）	−0.000 2（25.71%）	−0.000 0（2.46%）
2004—2005	−0.000 2	−0.000 3（177.07%）	0.000 2（−96.92%）	−0.000 0（19.85%）
2005—2006	−0.000 5	−0.000 3（59.84%）	−0.000 2（33.54%）	−0.000 0（6.62%）
2006—2007	−0.000 6	−0.000 3（59.72%）	−0.000 0（6.65%）	−0.000 2（33.63%）
2007—2008	−0.000 5	−0.000 3（60.07%）	−0.000 0（5.95%）	−0.000 2（33.98%）
2008—2009	−0.000 2	−0.000 2（78.42%）	−0.000 0（15.70%）	−0.000 0（5.88%）
2009—2010	−0.000 2	−0.000 2（96.14%）	0.000 0（−9.79%）	−0.000 0（13.65%）
2001—2010	−0.004 3	−0.002 9（67.10%）	−0.000 1（2.15%）	−0.001 3（30.75%）
"十五"	−0.002 6	−0.001 8（68.54%）	0.000 2（−9.54%）	−0.001 1（40.99%）
"十一五"	−0.001 3	−0.000 9（68.19%）	−0.000 1（5.25%）	−0.000 3（26.56%）

注：2001—2002 年的Δ排放强度是指 2002 年工业 COD 排放强度相比 2001 年的变动幅度。GDP 数据来自《中国统计年鉴》，其他数据来自《中国环境年鉴》。为保证数据的可比性，对每年 GDP 进行相应的价格平减（2001 年=100）。

由表 2-3 可知，2001—2010 年工业 COD 排放强度的降低主要归功于源头防治，其次是末端治理，过程控制对工业 COD 排放强度降低的贡献较小。"十五"期间，工业 COD 排放强度下降 0.002 6，其中，68.54%来自水资源利用效率的提高（即源头防治），40.99%来自污水处理技术的应用（即末端治理），水资源重复利用率（即过程控制）对工业 COD 排放强度的降低并无贡献。"十一五"期间，源头防治对工业 COD 排放强度降低的贡献率仍为最高，末端治理的贡献率次之，可喜的是，过程控制对工业 COD 排放强度降低的贡献率由负数变为正数，这表明过程控制对全过程管理的贡献开始呈现，全过程管理开始实现。之所以出现这种情况，与政策导向有关。近些年来，各级政府积极倡导节约用水，并对工业用水进行区分定价、分类计价，增加工业企业用水的成本压力，使企业不得不积极地节约用水。与此同时，政府积极建设各种污水处理厂，在一些工业园区还专门建造统一的污水处理厂，以降低企业的污水处理成本，这些政策均有利于源头防治和末端治理发挥作用。另外，各地政府纷纷出台各自的城市中水建设管理办法，为中水和再生水的使用创造了条件，极大地推动了地区循环水务建设，促进了过程控制的有效发挥。

进一步，对 2001—2010 年中国 31 个地区工业 COD 排放强度进行 LMDI 分解，计算"十五"、"十一五"期间各地区全过程管理的分解结果，结果见附录 2。"十五"期间，17 个地区源头防治的贡献率为负，工业 COD 全过程管理主要依靠过程控制和末端治理。"十一五"期间，28 个地区的源头防治贡献率大幅提高，仅剩 3 个地区源头防治贡献率仍为负。不过，这并不表明大部分地区都实现了全过程管理，一些地区源头防治的加强是以过程控制的弱化为代价的。"十一五"期间，仅有 5 个地区过程控制的贡献率有所增加，26 个地区过程控制的贡献率均在降低，其中，23 个地区过程控制贡献率由正变为负。可以说，"十一五"期间许多地区的过程控制发生了逆转，在各种城市中水管理办法的督促下，这些地区并没有利用先进环境技术改进水资源使用工艺，反而降低了水资源循环利用效率，极大地弱化了过程控制的作用。比较各地区在"十五"、"十一五"期间的减排途径，根据是否实现了全过程管理和时间段两个维度，可以将 31 个地区分为四类（表 2-4）。

表 2-4　"十五"、"十一五"期间各地区工业 COD 全过程管理的路径选择

	已实现全过程管理	未实现全过程管理
"十五"期间	12 个地区：北京、山西、吉林、黑龙江、上海、江苏、安徽、山东、湖北、四川、贵州、甘肃	19 个地区：天津、河北、内蒙古、辽宁、浙江、福建、江西、河南、湖南、广东、广西、海南、重庆、云南、西藏、山西、青海、宁夏、新疆
"十一五"期间	2 个地区：北京、山西	29 个地区：天津、河北、内蒙古、辽宁、吉林、黑龙江、上海、江苏、浙江、安徽、福建、江西、山东、河南、湖北、湖南、广东、广西、海南、重庆、四川、贵州、云南、西藏、山西、甘肃、青海、宁夏、新疆

由表 2-4 可知，"十五"期间有 12 个地区实现了全过程管理，到"十一五"期间，仅有北京和山西 2 个地区实现了全过程管理，原因可能在于北京和山西的经济结构。根据《2010 年环境统计年报》，在 2010 年统计的 39 个工业行业中，工业 COD 排放量位于前 4 位的行业依次为造纸与纸制品业、农副食品加工业、化学原料及化学制品制造业、纺织业（以下简称四大行业），四大行业的工业 COD 排放量为 219.5 万 t，污染贡献率占 60%。因此，这四个行业的行业规模直接决定着工业 COD 减排效果。2009 年，除西藏外，北京和山西是四大行业比例最低的两个地区，北京四大行业比例为 5.13%，山西四大行业比例为 7.86%，这种低比例有助于工业 COD 全过程治理的实现。当然，这需要进一步的实证检验。

2.3.3　工业粉尘的全过程管理

以工业粉尘排放强度降低为研究对象，按照 LMDI 分解方法，从源头防治、过程控制、末端治理三个环节对 2001—2010 年工业粉尘排放强度降低进行分解，并计算三个环节的贡献率（表 2-5）。

表 2-5　2001—2010 年工业粉尘全过程管理的分解结果

时间段	Δ排放强度	其中		
		源头防治	过程控制	末端治理
2001—2002	−0.001 1	0.004 0（−363.02%）	−0.000 2（17.70%）	−0.004 9（445.32%）
2002—2003	−0.000 6	0.000 1（−13.83%）	−0.000 1（20.97%）	−0.000 6（92.86%）
2003—2004	−0.001 9	0.000 0（0.97%）	−0.000 3（15.98%）	−0.001 6（83.05%）
2004—2005	−0.000 6	−0.000 3（61.07%）	−0.000 1（20.80%）	−0.000 1（18.13%）
2005—2006	−0.001 0	0.000 0（−1.35%）	−0.000 1（14.24%）	−0.000 9（87.10%）
2006—2007	−0.001 0	0.000 0（4.06%）	−0.000 3（33.49%）	−0.000 6（62.44%）
2007—2008	−0.000 8	0.000 0（0.86%）	−0.000 3（42.90%）	−0.000 4（56.24%）
2008—2009	−0.000 2	0.000 0（−0.11%）	0.000 1（−43.22%）	−0.000 3（143.33%）
2009—2010	−0.000 4	0.000 0（9.04%）	0.000 0（−7.18%）	−0.000 4（98.14%）
2001—2010	−0.007 7	0.001 4（−18.61%）	−0.001 3（17.11%）	−0.007 8（101.49%）
"十五"	−0.004 2	0.002 7（−64.91%）	−0.000 8（17.84%）	−0.006 2（147.08%）
"十一五"	−0.002 4	−0.000 1（4.06%）	−0.000 4（17.31%）	−0.001 9（78.62%）

注：2001—2002 年的 Δ排放强度是指 2002 年工业粉尘排放强度相比 2001 年的变动幅度。GDP 数据来自《中国统计年鉴》，其他数据来自《中国环境年鉴》。为保证数据的可比性，对每年 GDP 进行相应的价格平减（2001 年=100）。

由表 2-5 可知，2001—2010 年工业粉尘排放强度的降低主要归功于末端治理，其次是过程控制，源头防治对工业粉尘排放强度降低的贡献较小，甚至为负。"十五"期间，工业粉尘排放强度下降 0.004 2，其中，147.08%来自对工业粉尘的末端治理（即治污），17.84%来自资源消耗强度的下降，清洁能源的使用对工业粉尘排放强度的降低并无贡献。可见，"十五"期间工业粉尘排放强度的降低主要依靠治污，并非减排。"十一五"期间，源头防治对工业粉尘排放强度降低的贡献由负转正，清洁生产开始在治污减排中发挥作用，全过程管理开始实现。

进一步，对 2001—2010 年中国 31 个地区工业粉尘排放强度进行 LMDI 分解，计算"十五"、"十一五"期间各地区全过程管理的分解结果，结果见附录 3。"十五"期间，11 个地区源头防治的贡献率为负，工业粉尘全过程管理主要依靠末端治理。"十一五"期间，15 个地区的源头防治贡献率大幅提高；除山西、辽宁、黑龙江和四川外，其他地区过程控制的贡献率大幅上升；19 个地区末端治理的贡献率开始降低。"十五"期间，仅有 7 个地区源头防治、过程控制和末端治理的贡献率同时为正，实现了全过程管理。"十一五"期间，共 18 个地区实现了全过程管理，特别是北京、天津、山西、上海和湖南 5 个地区，其各个全过程管理各环节的贡献率基本相等，工业粉尘全过程管理取得了重大突破。比较各地区在"十五"、"十一五"期间的减排途径，根据是否实现了从末端治理向全过程管理的转型、过程控制是否有所提升这两个维度，可以将各地区分为四类（表 2-6）。

表 2-6　2001—2010 年工业粉尘各地区全过程管理效果分类

	已实现全过程管理	未实现全过程管理
"十五"期间	8 个地区：北京、吉林、上海、江苏、浙江、山东、湖北、广东	18 个地区：天津、河北、山西、内蒙古、辽宁、黑龙江、安徽、福建、江西、河南、湖南、广西、四川、贵州、云南、陕西、甘肃、新疆
"十一五"期间	18 个地区：北京、天津、山西、辽宁、吉林、上海、江苏、浙江、江西、山东、河南、湖北、湖南、广东、广西、云南、陕西、甘肃	12 个地区：河北、内蒙古、黑龙江、安徽、福建、海南、重庆、四川、贵州、青海、宁夏、新疆

注：由于个别数据缺失，"十五"期间缺少海南、重庆、西藏、青海和宁夏等 5 个地区的数据，"十一五"期间缺少西藏的数据。

2.4　治污减排效应的效果检验

2.4.1　研究设计

由不同污染物的分解结果可知，不同地区全过程管理的路径选择有所不同，同一地区在不同时期的减排路径也有差异，有些地区已经开始了从末端治理向全过程管理的转型，有些地区的过程控制也实现了较大的提升，那么，究竟是什么因素促使各地区在污染排放强度降低上选择了不同的路径呢？笔者认为，之所以不同地区在减排途径选择上有很大差异，全过程管理实现的路径有所不同，与其环保投资的多少，环境规制的强弱和环境技术的高低密不可分。为了实现某个减排目标，以工业 SO_2 排放强度降低为例，可以通过改善能源消费结构，从源头防治着手；可以降低能源消耗强度，从过程控制入手；可以减少单位能耗的工业 SO_2 排放量，从末端治理下手。各个地区会权衡三种途径的成本收益，通过环境规制和环境技术等手段，选择最适合自己的减排途径。

为了检验环保投资对地区全过程管理途径选择的影响，设定如下实证模型：

$$D_{it} = \alpha_0 \text{EI}_{it} + \alpha_1 \text{Regulation}_{it} + \alpha_2 \text{Tech}_{it} + \alpha_3 \text{Industry}_{it} + \sum \text{Year} + \varepsilon_{it} \qquad （2-11）$$

其中，因变量为减排途径，用各地区三种污染物（工业 SO_2、工业 COD、工业粉尘）的全过程管理（D）、源头防治（$D_{\text{structure}}$）、过程控制（D_{density}）和末端治理（$D_{\text{treatment}}$）表示，这四个变量均为逆变量，即变量值越小越好。自变量为环保投资（EI），用工业污染源治理投资占 GDP 的比重表示（单位：%）。控制变量包括：环境规制（Regulation），用单位 GDP 的政协环保建议提案数表示（单位：个/亿元）；环境技术（Tech），用各地区单位 GDP 的环境科研课题数表示（单位：个/亿元）；产业结构（Industry），用各地区第二产业总产值占 GDP 的比重表示（单位：%）；年份（Year）为哑变量。

本章以 2001—2010 年中国 30 个地区的数据为研究对象，由于个别数据缺失，剔除了西藏。各地区全过程管理（D）、源头防治（$D_{\text{structure}}$）、过程控制（D_{density}）和末端治理（$D_{\text{treatment}}$）由 LMDI 分解计算获得。经济数据来自《中国统计年鉴》，能源数据来自《中国能源统计年鉴》，环境数据来自《中国环境统计年鉴》。

2.4.2　检验结果

2.4.2.1　环保投资与工业 SO_2 全过程管理

以 2001—2010 年我国 30 个地区的工业 SO_2 全过程管理分解结果为因变量，环保投资（EI）为自变量，环境技术（Tech）、环境规制（Regulation）、产业结构（Industry）、年份（Year）为控制变量，采用面板数据的随机效应模型做回归。回归（1）以全过程管理（D）为因变量，回归（2）以源头防治（$D_{structure}$）为因变量，回归（3）以过程控制（$D_{density}$）为因变量，回归（4）以末端治理（$D_{treatment}$）为因变量，结果见表 2-7。

表 2-7　全过程管理的回归结果（工业 SO_2）

变量	回归（1）全过程管理（D）	回归（2）源头防治（$D_{structure}$）	回归（3）过程控制（$D_{density}$）	回归（4）末端治理（$D_{treatment}$）
环保投资（EI）	−0.358***	−0.030	−0.001	−0.275**
	(−4.10)	(−0.32)	(−0.01)	(−3.17)
环境规制（Regulation）	0.099	0.096	0.016	−0.056
	(1.48)	(1.42)	(0.23)	(−0.84)
环境技术（Tech）	0.280***	−0.038	0.125	0.140*
	(3.85)	(−0.51)	(1.75)	(1.98)
产业结构（Industry）	0.035	−0.120	0.104	0.072
	(0.46)	(−1.52)	(1.38)	(0.97)
R^2	0.362	0.057	0.137	0.314
样本量	270	270	270	270
样本组	30	30	30	30

注：*、**、***分别表示在 10%、5%、1%的水平上显著。括号内为 Z 值。常数项的估计系数从略。

回归（1）检验了环保投资对工业 SO_2 全过程管理的影响。由回归结果可知，环保投资（EI）的估计系数显著为负，表明环保投资越多，工业 SO_2 排放强度下降越明显。可见，环保投资的增加有利于降低污染排放强度，优化空气质量。环境技术（Tech）的估计系数显著为正，表明技术水平越高，工业 SO_2 污染排放强度下降幅度反而越小。出现这个结果的原因在于生产技术的提高一方面能够减少生产过程中的资源消耗，进而降低单位产出的污染排放强度，然而另一方面又会增加产量，进而带来更多的污染排放。技术水平的提高是否降低了污染排放强度取决于两种力量的权衡。由该回归结果可知，目前我国技术水平的提高更多地带来了产量和污染的增加，并不利于全过程管理的实现。

回归（2）检验了环保投资对工业 SO_2 源头防治的影响。由回归结果可知，环保投资（EI）的估计系数不显著，表明环保投资对源头防治的作用不明显。

回归（3）检验了环保投资对工业 SO_2 过程控制的影响。由回归结果可知，环保投资（EI）的估计系数也不显著，表明环保投资对过程控制的影响不大。

回归（4）检验了环保投资对工业 SO_2 末端治理的影响。由回归结果可知，环保投资（EI）的估计系数显著为负，表明环保投资越多，工业 SO_2 末端治理效果越明显。

中国不同地区"十五"和"十一五"期间在全过程管理途径的选择上有很大差异，因此，以全过程管理为因变量（D），分别检验"十五"期间和"十一五"期间环保投资对工业 SO_2 全过程管理的作用（表 2-8）。

表 2-8　不同时期全过程管理的回归结果（工业 SO_2）

变量	"十五"阶段（2001—2005 年）	"十一五"阶段（2006—2010 年）
环保投资（EI）	−0.227	−0.316[*]
	（−1.79）	（−2.52）
环境规制（Regulation）	−0.098	0.123
	（−1.01）	（1.22）
环境技术（Tech）	0.044	0.724[***]
	（0.44）	（5.78）
产业结构（Industry）	0.068	0.045
	（0.69）	（0.35）
R^2	0.225	0.417
样本量	150	120
样本组	30	30

注：*、**、***分别表示在 10%、5%、1%的水平上显著。括号内为 Z 值。常数项的估计系数从略。

由表 2-8 可知，在"十五"时期的回归中，环保投资（EI）的估计系数不显著，表明"十五"期间环保投资并未有效发挥治污减排的功效，没有起到降低工业 SO_2 污染排放强度的作用。在"十一五"时期的回归中，环保投资（EI）的估计系数显著为负，表明该时期环保投资的增加有效降低了污染排放强度，有利于实现治污减排。可见，"十一五"期间环境经济政策的实施在一定程度上促进了环保投资的增加，也加强了环保投资对治污减排的作用效果。

2.4.2.2　环保投资与工业 COD 全过程管理

以 2001—2010 年我国 30 个地区的工业 COD 全过程管理分解结果为因变量，环保投资（EI）为自变量，环境技术（Tech）、环境规制（Regulation）、产业结构（Industry）、年份（Year）为控制变量，采用面板数据的随机效应模型做回归。回归（1）以全过程管理（D）为因变量，回归（2）以源头防治（$D_{structure}$）为因变量，回归（3）以过程控制（$D_{density}$）为因变量，回归（4）以末端治理（$D_{treatment}$）为因变量，结果见表 2-9。

表 2-9　全过程管理的回归结果（工业 COD）

变量	回归（1）全过程管理（D）	回归（2）源头防治（$D_{structure}$）	回归（3）过程控制（$D_{density}$）	回归（4）末端治理（$D_{treatment}$）
环保投资（EI）	0.119	0.066	−0.114	0.161
	（1.36）	（0.73）	（−1.25	（1.78）'
环境规制（Regulation）	−0.113	0.015	−0.024	−0.081
	（−1.75）	（0.22）	（−0.36）	（−1.22）

变量	回归（1）全过程管理（D）	回归（2）源头防治（$D_{structure}$）	回归（3）过程控制（$D_{density}$）	回归（4）末端治理（$D_{treatment}$）
环境技术（Tech）	0.179*	0.155*	0.001	0.067
	(2.57)	(2.18)	(0.01)	(0.95)
产业结构（Industry）	0.107	−0.116	0.154*	0.019
	(1.43)	(−1.52)	(1.99)	(0.25)
R^2	0.181	0.339	0.218	0.080
样本量	270	270	270	270
样本组	30	30	30	30

注：*、**、***分别表示在 10%、5%、1%的水平上显著。括号内为 Z 值。常数项的估计系数从略。

在回归（1）、回归（2）、回归（3）和回归（4）的回归结果中，环保投资（EI）的估计系数均不显著，表明从总体来看，环保投资对工业 COD 全过程管理的作用是不明显的。表 2-10 以全过程管理为因变量（D），分别检验"十五"期间和"十一五"期间环保投资对工业 COD 全过程管理的作用。

表 2-10　不同时期全过程管理的回归结果（COD）

变量	"十五"阶段（2001—2005 年）	"十一五"阶段（2006—2010 年）
环保投资（EI）	0.120	−0.310*
	(0.93)	(−2.49)
环境规制（Regulation）	−0.104	−0.169
	(−1.07)	(−1.70)
环境技术（Tech）	0.150	0.726***
	(1.54)	(5.58)
产业结构（Industry）	0.106	0.132
	(1.05)	(1.01)
R^2	0.165	0.320
样本量	150	120
样本组	30	30

注：*、**、***分别表示在 10%、5%、1%的水平上显著。括号内为 Z 值。常数项的估计系数从略。

由表 2-10 可知，在"十五"时期的回归中，环保投资（EI）的估计系数不显著，表明"十五"期间环保投资并未有效发挥治污减排的功效，没有起到降低工业 COD 污染排放强度的作用。在"十一五"时期的回归中，环保投资（EI）的估计系数显著为负，表明该时期环保投资的增加有效降低了污染排放强度，有利于实现治污减排。可见，尽管总体来看，十年来的环保投资并未对全过程管理起到推动作用，但这种积极影响在"十一五"期间已经开始显现。

2.4.2.3　环保投资与工业粉尘全过程管理

以 2001—2010 年我国 30 个地区的工业粉尘全过程管理分解结果为因变量，环保投资

（EI）为自变量，环境技术（Tech）、环境规制（Regulation）、产业结构（Industry）、年份（Year）为控制变量，采用面板数据的随机效应模型做回归。回归（1）以全过程管理（D）为因变量，回归（2）以源头防治（$D_{structure}$）为因变量，回归（3）以过程控制（$D_{density}$）为因变量，回归（4）以末端治理（$D_{treatment}$）为因变量，结果见表2-11。

表 2-11　全过程管理的回归结果（工业粉尘）

变量	回归（1） 全过程管理 （D）	回归（2） 源头防治 （$D_{structure}$）	回归（3） 过程控制 （$D_{density}$）	回归（4） 末端治理 （$D_{treatment}$）
环保投资（EI）	−0.368*** （−4.08）	−0.049 （−0.56）	0.054 （0.61）	−0.323*** （−3.60）
环境规制（Regulation）	−0.045 （−0.66）	0.072 （1.07）	−0.002 （−0.02）	−0.122 （−1.79）
环境技术（Tech）	0.312*** （4.06）	−0.067 （−0.94）	0.113 （1.59）	0.189* （2.50）
产业结构（Industry）	0.057 （0.71）	−0.129 （−1.72）	0.085 （1.14）	0.096 （1.21）
R^2	0.271	0.093	0.140	0.222
样本量	270	270	270	270
样本组	30	30	30	30

注：*、**、***分别表示在 10%、5%、1% 的水平上显著。括号内为 Z 值。常数项的估计系数从略。

回归（1）检验了环保投资对工业粉尘全过程管理的影响。由回归结果可知，环保投资（EI）的估计系数显著为负，表明环保投资越多，工业粉尘排放强度下降越明显。可见，环保投资的增加有利于降低污染排放强度，优化空气质量。环境技术（Tech）的估计系数显著为正，表明技术水平越高，工业粉尘污染排放强度下降幅度反而越小。这个结果与工业 SO_2 的回归结果是一致的。回归（2）检验了环保投资对工业粉尘源头防治的影响。由回归结果可知，环保投资（EI）的估计系数不显著，表明环保投资对源头防治的作用不明显。回归（3）检验了环保投资对工业粉尘过程控制的影响。由回归结果可知，环保投资（EI）的估计系数也不显著，表明环保投资对过程控制的影响不大。回归（4）检验了环保投资对工业粉尘末端治理的影响。由回归结果可知，环保投资（EI）的估计系数显著为负，表明环保投资越多，工业粉尘末端治理效果越明显。

表 2-12 以全过程管理为因变量（D），分别检验"十五"期间和"十一五"期间环保投资对工业粉尘全过程管理的作用。

表 2-12　不同时期全过程管理的回归结果（工业粉尘）

变量	"十五"阶段 （2001—2005 年）	"十一五"阶段 （2006—2010 年）
环保投资（EI）	−0.439** （−3.19）	−0.194 （−1.50）
环境规制（Regulation）	−0.128 （−1.18）	0.035 （0.34）

变量	"十五"阶段 （2001—2005 年）	"十一五"阶段 （2006—2010 年）
环境技术（Tech）	0.230 （1.89）	0.467*** （4.18）
产业结构（Industry）	0.092 （0.77）	−0.051 （−0.43）
R^2	0.186	0.342
样本量	150	120
样本组	30	30

注：*、**、***分别表示在 10%、5%、1%的水平上显著。括号内为 Z 值。常数项的估计系数从略。

由表 2-12 可知，在"十五"时期的回归中，环保投资（EI）的估计系数显著为负，表明该时期环保投资的增加有效降低了污染排放强度，有利于实现治污减排。在"十一五"时期的回归中，环保投资（EI）的估计系数不显著，表明"十一五"期间环保投资并未有效发挥治污减排的功效，没有起到降低工业粉尘污染排放强度的作用。可见，尽管总体看来，10 年来的环保投资并未对全过程管理起到推动作用，但这种积极影响在"十五"期间较为显著，在"十一五"期间反而消失。

2.5 如何通过环保投资实现全过程管理

随着中国环境管理事业的推进，实现从末端治理向全过程控制的转型、转变将是一种必然。本章利用 LMDI 方法，从全过程管理入手将中国工业 SO_2、工业 COD 和工业粉尘排放强度降低分解为源头防治、过程控制和末端治理三个部分。主要发现如下：

第一，对于工业 SO_2 的全过程管理，"十五""十一五"期间工业 SO_2 排放强度降低主要归功于末端治理。而且，我国已经开始了从末端治理向全过程管理的转型，尽管还没有实现真正的扭转或转变。从可比较的各个地区来看，从"十五"到"十一五"，中国有 13 个地区不仅开始了从末端治理向全过程管理的转型，而且，过程控制的贡献率还有所提升。

第二，对于工业 COD 的全过程管理，"十五""十一五"期间工业 COD 排放强度降低主要归功于源头防治，其次是末端治理，过程控制对工业 COD 排放强度降低的贡献较小，甚至为负。"十五"期间，我国已经开始了从末端治理向全过程管理的转型。不过，"十一五"期间仅有 5 个地区过程控制的贡献率有所增加，26 个地区过程控制的贡献率均在降低，其中，23 个地区过程控制贡献率由正变为负，过程控制发生了大逆转。

第三，对于工业粉尘的全过程管理，"十五""十一五"期间工业粉尘排放强度降低主要归功于末端治理，其次是过程控制，源头防治对工业粉尘排放强度降低的贡献较小，甚至为负。而且，我国已经开始了从末端治理向全过程管理的转型，实现全过程管理的地区从"十五"期间的 8 个增加至"十一五"期间的 18 个。

对 2001—2010 年中国 30 个地区的全过程管理影响因素的回归结果表明，环保投资对工业 SO_2 和工业粉尘全过程管理的推动作用十分明显，对工业 COD 全过程管理的推动作用仍未显现。环保投资对工业 SO_2 和工业粉尘全过程管理的促进主要表现在对源头预防和末端治理两个方面，对过程控制的影响不大。另外，比较环保投资在"十五"与"十一五"期间对全过程管理的作用效果，环保投资在"十五"期间只对工业粉尘的全过程管理有积极作用，在"十一五"期间开始对工业 SO_2 和工业 COD 全过程管理发挥作用。因此，要充分利用环保投资对全过程管理的积极作用，推动更多地区实现从末端治理向全过程管理的转型，从而促进全国各地区实现从末端治理到全过程管理的真正转变。

第3章 环保投资的经济增长效应

3.1 环保投资的本质是投资

投资是经济增长的重要推动力，作为社会总投资重要组成部分的环保投资，由于投资目的具有特殊性，其对经济增长是否有利，历来是理论界争论的焦点。一种观点认为，环保投资的目的在于消除污染，属于非生产性投资，不仅无法推动经济增长，还会在一定程度上挤出生产性投资。另一种观点认为，环保投资消除污染的目的是通过购买治污设备和建立治污设施等途径实现的，这些治污手段的本质与普通投资无异，进一步推动了环保产业发展，促进了经济增长。在实践中，上述两种效应是并存的。但最终环保投资对经济增长的作用如何，两种效应孰高孰低，需要进一步的理论分析和实证检验。

现有文献从不同角度检验了环保投资与经济增长的关系。蒋洪强（2004）利用投入产出法，构建了环保投资对经济贡献的投入产出模型，并对该模型进行了实证模拟，发现污染治理设施投资对经济增长有明显的拉动作用。蒋洪强等（2005）在蒋洪强（2004）的基础上，用GDP、利税和就业水平等指标代表经济增长，再次证明了环保投资对经济增长的拉动作用。高广阔和陈珏（2008）用灰色关联法和 Granger 因果检验等计量方法分析环保产业对经济增长的拉动作用，发现这种拉动作用呈现不断放大态势，认为环保产业将成为新的经济增长点。王珺红和杨文杰（2008）检验了我国环保投资与 GDP 的均衡关系，发现环保投资在短期和长期内均能拉动经济发展。张雷和李新春（2009）认为环保投资短期内会阻碍经济发展，但长期内会推动经济增长，我国已处在由阻碍向推动的过渡时期。邵海清（2010）用灰色关联法检验了环保投资与经济增长的关系，发现加大环保投资可以有效地促进经济增长，但其作用要远低于固定资产投资对经济增长的促进作用。雷社平和何音音（2010）利用 1990—2009 年相关数据检验了环保投资对经济增长的促进作用。表 3-1 整理了上述研究。

表 3-1 现有研究总结

作者与年份	数据年份	方法	主要结论
蒋洪强（2004）	1991—2000 年	投入产出法	污染治理设施投资对经济的增长有明显的拉动作用
蒋洪强等（2005）	1991—2000 年	投入产出法	污染治理投资具有明显的乘数效应
高广阔和陈珏（2008）	1988—2006 年	灰色关联法 协整检验 Granger 因果检验	环保产业对经济增长的拉动作用呈现不断放大态势

作者与年份	数据年份	方法	主要结论
王珺红和杨文杰（2008）	1985—2005 年	Granger 因果检验 协整检验 误差修正模型	环保投资在短期和长期内均能拉动经济发展
胡海青等（2008）	1981—2005 年	Granger 因果检验 协整检验 误差修正模型	GDP 增量的变化是引起环保投资增量变化的原因
张雷和李新春（2009）	1998—2006 年	协整检验 ARMA 模型	环保投资短期内会阻碍经济发展，但长期内会推动经济增长
邵海清（2010）	1995—2007 年	灰色关联法	加大环保投资可以有效促进经济的增长
雷社平和何音音（2010）	1990—2009 年	OLS	环保投资对于促进我国经济增长发挥着一定的作用，但不是主要的因素

资料来源：笔者自行整理。

由表 3-1 可知，现有文献主要采用投入产出法、灰色关联法、向量误差模型、误差修正模型和普通最小二乘估计等方法检验环保投资对经济增长的作用机理和效果，并得出了一系列有价值的结论。不过，现有研究并没有系统梳理出环保投资与经济增长的理论关系，事实上，环保投资对经济增长的作用是多方面的。并且，这些研究多采用全国数据作为研究对象，较少从地区层面分析环保投资对经济增长的贡献。本章从理论和实证两个角度检验环保投资对经济增长的作用机理和效果。

3.2　经济增长效应的作用机理

投资乘数效应（Investment Multiplier Effect）源于凯恩斯的《就业、利息和货币通论》中的乘数原理，投资乘数说明了投资增量与国民收入增量之间的关系。如果将生产性投资中的一部分拿出，用作环保投资，投资乘数是否发生变化呢，环保投资的投资乘数与生产性投资的投资乘数是否相同呢？下面通过一个简单的推导说明上述问题。

考虑国家有两个部门（企业与居民），则：

$$Y = C + I \tag{3-1}$$

式中，Y 为国民收入；C 为消费；I 为投资。

若不考虑环保投资，假设投资折旧率为零，则投资乘数为 $1/(1-b)$，其中，b 表示边际消费倾向，$0 < b < 1$。若考虑环保投资，则投资（I）可以写成如下形式：

$$I = PI + EI \tag{3-2}$$

式中，PI 为生产性投资；EI 为环保投资。

可见，在投资总额既定的情况下，生产性投资与环保投资是此消彼长的关系。也正因为如此，一些研究认为环保投资挤出了生产性投资，不利于经济增长，将降低投资对经济的带动作用。实际上，环保投资是否挤出了生产性投资主要取决于这些环保投资是否对经济的带动作用，如果存在，环保投资的带动作用与其挤出的生产性投资的带动作用是否相同。投资乘数是反映投资对经济带动作用的最佳指标，如果环保投资的乘数不小于生产性投资的乘数，则说明环保投资在挤出生产性投资的同时带动了经济增长，如果环保投资的乘数小于生产性投资的乘数，则说明环保投资在挤出生产性投资的同时并没有有效带动经济增长。

需要说明的是环保投资的本质，尽管从名称上环保投资被定义为"投资"，但目前我国环保投资统计还将环境管理的相关支出纳入环保投资，这部分环保投资并不具备投资意义，而是一种消费。因此，进一步按照环保投资的用途将其划分为消费性环保投资（EI_1）和资本性环保投资（EI_2）两类，并假设资本性环保投资（EI_2）占环保投资总额的比例为 m。由此，式（3-2）代入式（3-1）可以得到：

$$\begin{aligned} Y &= C + PI + EI \\ &= C + PI + EI_1 + EI_2 \\ &= C + PI + (1-m)EI + mEI \\ &= \left[C + (1-m)EI\right] + PI + mEI \end{aligned} \tag{3-3}$$

由于边际消费倾向为 b，则式（3-3）可以进步一写成如下形式：

$$Y = a + bY + PI + mEI \tag{3-4}$$

其中，a 为常数，代表初期的国民收入。整理式（3-4），得到：

$$Y = \frac{a + PI + mEI}{1-b} \tag{3-5}$$

对式（3-5）的环保投资（EI）求导，得到环保投资乘数：

$$k_{EI} = \frac{\partial Y}{\partial EI} = \frac{m}{1-b} \tag{3-6}$$

可见，环保投资乘数与投资乘数的大小关系取决于系数 m，环保投资中用于环境管理的相关支出越高，环保投资乘数较投资乘数越小，环保投资对生产性投资的挤出降低了投资对经济增长的带动。如果环保投资统计中不包含环境管理支出，则环保投资乘数与投资乘数相等，尽管环保投资挤出了部分生产性投资，但环保投资同样带动了国民收入，无碍于经济增长。因此，环保投资的投资乘数首先取决于环保投资的统计口径，如果环保投资将环境管理的相关费用排除在外，则环保投资对经济的带动作用与普通投资是一致的。

3.3 环保投资"乘数效应"的经验检验

为检验环保投资与经济增长之间的关系，建立如下实证模型：

$$GDP_t = \alpha + \beta EI_t + \varepsilon_t \tag{3-7}$$

式中，环保投资（EI）为自变量，用工业污染源治理投资总额表示，经济增长（GDP）为因变量，用国民生产总值表示。为消除异方差，上述两个变量均采用自然对数的形式。本研究从《中国统计年鉴（1986—2011）》和《中国环境统计年鉴（1986—2011）》收集了我国 1985—2010 年的环保投资数据和经济数据，所有数据来自于《中国统计年鉴（1986—2011）》和《中国环境统计年鉴（1986—2011）》。

采用 ADF 检验法（Augmented Dichey-Fuller Test）对因变量和自变量及其一阶差分进行单位根检验，结果见表 3-2。

表 3-2   ADF 检验结果

变量	ADF 结果	显著性	结论
GDP	2.664	1.000	不平稳
EI	−2.417	0.370	不平稳
ΔGDP	−1.401	0.861	不平稳
ΔEI	−2.015	0.593	不平稳
Δ^2GDP	−7.797***	0.000	平稳
Δ^2EI	−4.224***	0.004	平稳

注：***表示结果在1%的水平下显著。

由表 3-2 可知，序列 EI 和 GDP 均具有单位根，序列不平稳。一阶差分序列ΔEI 和ΔGDP 具有单位根，序列是不平稳的。二阶差分序列Δ^2EI 和Δ^2GDP 不具有单位根，序列是平稳的。

由于二阶差分序列Δ^2EI 和Δ^2GDP 是平稳序列，说明序列 EI 和 GDP 为二阶单整，因此使用 Engle-Granger 两步法检验对 1985—2010 年我国环保投资与经济增长进行协整关系检验。首先确定滞后阶数，结果见表 3-3。

表 3-3   滞后阶数的确定

滞后阶数	LL	LR	自由度	P 值	FPE	AIC	HQIC	SBIC
0	−615.920				8.5×10^{21}	56.175	56.198	56.274
1	−545.299	13.361	4	0.000	1.4×10^{19}*	49.659*	49.870*	50.416*
2	−542.828	4.942	4	0.293	2.3×10^{19}	50.257	50.374	50.753
3	−534.932	15.791	4	0.003	1.7×10^{19}	49.903	50.067	50.597
4	−528.252	141.24	4	0.010	2.0×10^{19}	50.118	50.188	50.552

注：*表示结果在10%水平下显著。

由表 3-3 可知，不论根据何种准则，滞后一期最为合适。

表 3-4 确定了协整关系个数。

表 3-4   协整关系个数的确定

最大秩	parms	LL	Trace Statistic	5%临界值
0	14	−640.339	47.148	15.41
1	17	−617.187	0.844	3.76
2	18	−616.765		

由表 3-4 可知，EI 与 GDP 之间存在一个协整关系。

向量误差修正模型（VEC 模型）反映了 GDP 是如何被决定的，误差修正项 ECM 则反映了 EI 与 GDP 的长期均衡关系。利用 VEC 模型表示环保投资与经济增长之间的长期和短期关系，得到长期协整方程为：

$$\text{GDP}_t = -5.017 + 1.188\text{EI}_t \tag{3-8}$$

短期协整方程为：

$$\begin{aligned}
D.\text{GDP}_t = &-0.053 \times \left(-5.017 + \text{GDP}_t + 1.188\text{EI}_t\right) \\
&+ \left(0.077 + 0.631D.\text{GDP}_{t-1} - 0.354D.\text{EI}_{t-1}\right)
\end{aligned} \tag{3-9}$$

$$\begin{aligned}
D.\text{EI}_t = &\ 0.300 \times \left(-5.017 + \text{GDP}_t + 1.188\text{EI}_t\right) \\
&+ \left(0.014 - 0.207D.\text{GDP}_{t-1} + 0.332D.\text{EI}_{t-1}\right)
\end{aligned} \tag{3-10}$$

由此可知，当 GDP 的数值过高时，即偏离长期均衡态，它会迅速朝向环保投资（EI）的均值下调；当环保投资（EI）的数值过高时，它会朝向 GDP 的均值上调，但不显著。另外，比较两个短期协整方程的调整速度，可以发现 GDP 随环保投资（EI）的调整速度慢于环保投资（EI）随 GDP 的调整速度。这个结果一方面证明了环保投资对经济增长的带动作用，另一方面证明了经济发展水平对环保投资力度的影响。

图 3-1 显示了环保投资（EI）对 GDP 一个单位标准差冲击的脉冲响应，以及 GDP 对环保投资一个单位标准差的脉冲响应。

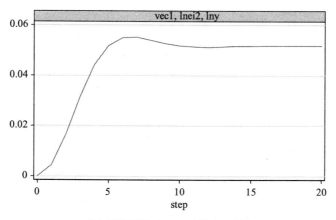

（a）环保投资对 GDP 的脉冲响应图

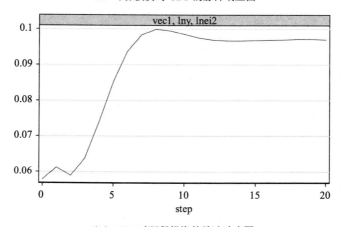

（b）GDP 对环保投资的脉冲响应图

图 3-1　脉冲响应图

由图 3-1 可知，当环保投资受到外界冲击时，GDP 的瞬时和短期响应是正的，在第 5 期达到最大值 0.053，即环保投资增加 1%，GDP 会增加 0.053%。此后，冲击力度略有下降后，再逐渐趋于稳定。当 GDP 受到外界冲击时，GDP 的瞬时和短期响应是正的，短期有个震荡，随后立即上升，直至第 8 期左右达到最大值 0.1，即 GDP 增加 1%，环保投资会增加 0.1%。此后，冲击力度略有下降后，再逐渐趋于稳定。

3.4 如何通过环保投资促进经济增长

环保投资由于"环保"二字而常常被视作是一种消费行为，事实上，环保投资并非只是为保护环境而付出的成本。环保投资在改善环境质量的同时，与普通投资一样对经济增长发挥着短期和长期的促进作用。本章利用简单的理论推导证明了单纯的环保投资（不包括环境管理支出）对经济增长的作用乘数与普通投资乘数是相同的。尽管环保投资对经济增长的拉动作用不及经济增长对环保投资的带动作用大，但环保投资的"投资"性质是不容忽视的。在生态文明建设序幕拉开之际，利用环保投资改善生态环境，同时拉动经济增长，是一举两得的选择。

第 4 章 环保投资的技术进步效应[①]

4.1 环保投资对生产技术的"溢出效应"

20 世纪 70 年代，为了应对石油输出国组织（OPEC）的挑战和罗马俱乐部的悲观论调，经济学家们开始把能源、自然资源以及环境污染问题引入新古典增长理论（Dasgupta 和 Heal，1974；Stiglitz，1974）。但问题是，这些模型中技术进步是外生给定的。直至 20 世纪 80 年代中后期，随着内生增长模型的出现，经济学家将污染引入生产函数，环境质量引入效用函数，在内生增长模型框架下讨论生态环境恶化与可持续发展问题，如 Bovenberg 和 Smulders（1995）、Stokey（1998）、Aghion 和 Howitt（1998）、Barbier（1999）、Grimaud 和 Rouge（2003）、孙刚（2004）、彭水军和包群（2006）、李仕兵和赵定涛（2008）。现有文献发现，考虑了环境变化的内生增长模型基本上都支持新古典理论关于生态环境与经济增长关系的研究结论。一般情况下，相对于不含环境因素的内生增长模型，最优的污染控制要求一个较低的稳态增长率，越严厉的环境标准越有利于经济持续增长。但是，这些文献对环保投资的处理方式却有所不同。一些文献将环保投资视为消费，认为环保投资的作用就是消除已经生产出来的污染，因此环保投资不参与资本积累；一些文献将环保投资视为投资，但是由于环保投资的特殊性，认为其不参与资本积累。这两种处理方式都没有理清环保投资作用于经济增长的真实途径和作用机理，并不可取。

实际上，环保投资对经济增长的作用方式有三种：第一，作为普通投资，环保投资与一般投资一样，投入到环保产业中，其积累有利于拉动下一期的经济增长，该作用途径已在本书第 2 章得到证实；第二，作为投资结果，环保投资有利于改善当期的环境质量，但这并不会引起经济增长；第三，作为投资过程，环保投资有利于促进生产技术的环保创新，降低单位产出的污染排放量，在既定污染排放标准下获得更多的产量，进而拉动下一期的经济增长。我们将第一种作用定义为环保投资的"普通投资效应"，第二种作用定义为环保投资的"环境改善效应"，第三种作用定义为环保投资的"溢出效应"。现有研究只关注环保投资的"普通投资效应"和"环境改善效应"，而忽略了环保投资的"溢出效应"，这正是本章要研究的内容。环保投资能够有效促进企业生产技术的环保水平升级，进而降低单位产出的污染排放量，从而在排污标准既定的前提下，提高产量，促进经济长期增长，这便是环保投资的"溢出效应"。按照环保投资的不同投资方向，环保投资三种效应的作用机理如图 4-1 所示。

[①] 本章内容已发表于 "Lin, Q. H., Chen, G. Y., Du, W. C., Niu, H. P., 2012. The Spillover Effect of Environmental Investment: Evidence from Panel Data at Provincial Level in China, Frontiers of Environmental Science and Engineering in China，6（3）."

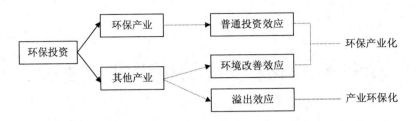

图 4-1　环保投资三种效应的作用机理

现实中，当政府意识到环境保护的重要性，开始通过环保投资改善环境质量时，首先会利用环境改善效应，因为环境改善效应直接作用于环境质量。但是，环境改善效应对经济增长的拉动作用十分有限。接着，政府开始提倡环保产业化，大力推动环保产业发展，此时环保投资开始扮演投资的角色，参与到资本积累的过程中。最后，随着环保产业的逐步成熟，人们会发现单纯从治理污染出发的政策只是一种"补救措施"。要想实现经济的可持续发展，必须从污染的源头入手，通过改进企业生产环节中的环保技术，来降低单位产出的污染排放强度，才能实现环境改善与经济增长的协调发展。此时，环保投资开始对经济发展产生"溢出效应"。

本章在已有文献的研究基础上，借鉴 Stokey（1998）、Aghion 和 Howitt（1998）的模型思想，将环境质量纳入效用函数，环保投资纳入生产函数，同时将污染排放强度看做是环保投资的函数，利用内生增长模型求解经济可持续发展的最优路径，研究环保投资的溢出效应对最优路径的影响，以及影响环保投资溢出效应的各种因素。

4.2　技术进步效应的作用机理

考虑一个由同质消费者组成的封闭经济，不考虑人口增长，消费者对消费和环境质量产生效用，其效用函数为 $U(c,E)$。式中，c 为人均消费，总人口为 1，则 c 也是总消费；E 为环境质量，且满足 $u_c>0$，$u_E>0$，$u_{cc}<0$。消费者一生的福利为：

$$W = \int_0^\infty e^{-\rho t} U(c,E)\mathrm{d}t \qquad (4\text{-}1)$$

式中，$\rho>0$ 为时间贴现率，代表当代人对后代人利益的关心程度，ρ 越大，意味当代对后代越漠视，$\rho \to 0$ 意味当代对后代人和当代人给予相同的关心。

对于生产函数，令 $Y = AKz$，式中，A 为技术，K 为资本存量，z 为污染排放强度。以利润最大化为目标的厂商的最优选择是恰好排放政府规定的污染物标准。在生产技术一定的情况下，由于存在污染排放上限，使得厂商的生产量受限于污染排放上限。因此，生产函数不仅取决于技术和资本存量，还取决于污染排放上限。在不存在环保投资（I）的情况下，厂商无法改变政府制定的污染排放上限，只能按照能够排放的最大污染量制订生产计划。但是，环保投资改变了这个约束。如前所述，环保投资不仅能够有效处理现有污染物，还能促进企业生产技术的环保化改进，降低企业单位产出的污染物排放量，即污染排放强度。在污染排放上限既定的前提下，环保投资降低了单位产出的污染排放量，进而给企业留出更多的产出空间，我们称之为环保投资的溢出效应。因此，污染排放强度（z）受环保投资（I）的影响，假设二者之间是简单的线性关系，可以写成如下形式：

$$z = z(I) = \alpha + \beta I \tag{4-2}$$

其中，$\partial z(I)/\partial I < 0$，即 $\beta < 0$，表示环保投资越多，污染排放强度越低。另外，环保投资还具备一般投资性质，在环保产业兴起的背景下，环保投资作为资本积累，通过乘数效应促进下一期的经济增长。因此，环保投资的增加有利于资本积累，模型中的资本存量（K）已经包含了环保投资（I）。则 $K = I + I'$，其中 I 表示环保投资，I' 表示其他投资。资本积累方程为 $\dot{K} = AKz - c$。

对于环境质量，最好不能好过无污染，最坏也不能坏过毁灭性灾难。因此，定义环境质量（E）为现在的环境质量与环境上界的差额。所以，E 为负数，$E \in [E_{\min}, 0]$。E 不同于污染，污染是流量，而环境质量是存量。环境质量（E）受三方面因素影响：首先，环境质量受污染排放量（P）影响，具体关系为 $P(Y, z) = Yz^{\gamma} = AKz^{\gamma+1}$，式中，$Y$ 代表总产出，$z \in [0,1]$ 代表污染排放强度，$\gamma > 1$ 表示污染边际成本递增。其次，环境质量受环境自我更新能力的影响，假设环境自我更新速度为 θ，由于自我更新而得到的环境改善为 E_{θ}。最后，环境质量还受环保投入（I）的影响，假设环保投入对环境改善的贡献为 $R(I)$，且 $R'(I) > 0$，说明环保投入越多，对环境改善的贡献越大。由此可写出环境质量变化的运动方程为 $\dot{E} = -Yz^{\gamma} + E_{\theta} + R(I)$。

社会计划者的动态最优化问题为：

$$\max_{c,E} \int_0^{\infty} e^{-\rho t} U(c, E) \mathrm{d}t$$

$$\text{s.t.} \dot{K} = AKz - c \tag{4-3}$$

$$\dot{E} = -AKz^{\gamma+1} + E_{\theta} + R(I)$$

另外，$K(0) = K_0$，$E(0) = E_0$，$z = \alpha + \beta I$。定义 Hamilton 函数为：

$$H = U(c, E) + \lambda(AKz - c) + \mu[-AKz^{\gamma+1} + E_{\theta} + R(I)] \tag{4-4}$$

两个控制变量为 c 和 I，两个状态变量为 K 和 E。横截性条件（TVC）为：

$$\begin{cases} \lim_{t \to \infty} \lambda K e^{-\rho t} = 0 \\ \lim_{t \to \infty} \mu E e^{-\rho t} = 0 \end{cases} \tag{4-5}$$

对两个控制变量分别求偏导，得到一阶条件：

$$\begin{cases} \dfrac{\partial H}{\partial c} = u_c - \lambda = 0 \\ \dfrac{\partial H}{\partial I} = \lambda Az - \mu Az^{\gamma}[z + I(\gamma+1)z\beta] + \mu R'(I) = 0 \end{cases} \tag{4-6}$$

由式（4-6）可得到：

$$\begin{cases} \lambda = u_c \\ \mu = \dfrac{\lambda Az}{Az^{\gamma}[z + I(\gamma+1)z\beta] - R'(I)} \end{cases} \tag{4-7}$$

对两个状态变量分别求偏导，得到欧拉方程：

$$\begin{cases} \dfrac{\partial H}{\partial K} = -\rho\lambda + \lambda Az - \mu Az^{\gamma+1} = -\dot{\lambda} \\[3mm] \dfrac{\partial H}{\partial E} = -\rho\mu + u_E - \mu\theta = -\dot{\mu} \end{cases} \quad\quad (4\text{-}8)$$

式（4-8）两边同时对时间求导，可得：

$$\dot{\lambda} = u_{cc}\dot{c} \quad\quad (4\text{-}9)$$

对式（4-9）做进一步调整后，得到考虑环保投资溢出效应后的消费路径：

$$\frac{\dot{c}}{c} = \frac{1}{\varepsilon}\left[Az\left(1 - \frac{Az^{\gamma+1}}{Az^{\gamma}(z + I(\gamma+1)z\beta) - R'(I)}\right) - \rho \right] \quad\quad (4\text{-}10)$$

其中，$\dfrac{1}{\varepsilon} = -\dfrac{u_c}{u_{cc}c}$，表示跨期替代弹性。由消费路径可知，如果经济是可持续发展的，

意味着在长期$\dot{c}/c > 0$，即：

$$Az\left(1 - \frac{Az^{\gamma+1}}{Az^{\gamma}(z + I(\gamma+1)z\beta) - R'(I)}\right) - \rho > 0 \quad\quad (4\text{-}11)$$

整理式（4-11），得到如下不等式：

$$R'(I) < \frac{Az^{\gamma+1}[\rho - I(\gamma+1)\beta(Az-\rho)]}{\rho - Az} \quad\quad (4\text{-}12)$$

根据 Stokey-Aghion 模型，$Az - \rho > 0$ 是经济增长的必要条件，否则无论 I 如何变化，都无法使$\dot{c}/c > 0$。与 Stokey-Aghion 模型相同，为简便起见，假设这一基本条件已经满足。下面我们分情况讨论不等式（4-12）的左右两边。首先看式子左边，如果 $R''(I) < 0$，即环保投资对改善环境的边际贡献率（$R'(I)$）递减，则只要 $R'(I)$ 的最大值小于不等式右边，就可以保证不等式永远成立，即经济可持续发展。如果 $R''(I) = 0$，即环保投资对改善环境的边际贡献率（$R'(I)$）保持不变，则需要 $R'(I)$ 小于不等式右边，便可保持经济可持续发展。如果 $R''(I) > 0$，即环保投资对改善环境的边际贡献率（$R'(I)$）递增，则除非 $R'(I)$ 有上阈界，且上阈界小于不等式右边，才能保证经济可持续发展。

再来看式子右边，令：

$$f(z,\gamma,A,\rho,I,\beta) = \frac{Az^{\gamma+1}[\rho - I(\gamma+1)\beta(Az-\rho)]}{\rho - Az} \quad\quad (4\text{-}13)$$

对每个要素（z,γ,A,ρ,I,β）求偏导，结果为 $\partial f/\partial z < 0$，$\partial f/\partial I > 0$，$\partial f/\partial \gamma < 0$，$\partial f/\partial A > 0$，$\partial f/\partial \rho < 0$，$\partial f/\partial \beta > 0$。由此可知，环保投资对经济可持续发展的作用途径并不是单一的，环保投资不仅能够改变不等式（4-12）的左边，还能作用于不等式的右边。环保投资对污染排放强度产生影响，进而作用于产出，确定经济可持续发展的最优路径，

这便是环保投资的溢出效应。并且，环保投资越高，污染排放强度越小，环保投资对生产技术的溢出效应越大，不等式的右边越大，实现经济可持续发展的条件越宽松，经济持续发展的可能性越大。

4.3　技术进步效应的效果检验

（1）研究设计

由于溢出效应的直接作用结果是生产技术的提高，通过如下实证模型检验环保投资的溢出效应。

$$\text{Tech}_{it} = \alpha_0 + \alpha_1 \text{Envi\_invest}_{it} + \alpha_2 \text{Pre\_tech}_{it} + \alpha_3 \text{GDP}_{it} + \alpha_4 \text{Structure}_{it} \\ + \alpha_5 \text{Investment}_{it} + \alpha_6 \text{Expenditure}_{it} + \varepsilon \tag{4-14}$$

式中，t 表示年份，i 表示地区。因变量是生产技术（Tech），用各地区三种专利受理量的自然对数表示；自变量是环保投资（Envi_invest），分别用各地区环保投资总额（Envi_invest）、环境基础设施建设投资（Envi_invest1）、工业污染源治理投资（Envi_invest2）和建设项目"三同时"环保投资（Envi_invest3）表示。模型还控制了其他可能影响生产技术的变量，具体如下：初始技术水平（Pre_tech），用各地区前一年的生产技术表示；经济发展水平（GDP），用各地区 GDP 的自然对数表示；产业结构（Structure），用各地区第三产业总产值占地区总产值的比重表示；固定资产投资（Investment），用各地区固定资产投资的自然对数表示；政府支出（Expenditure），用各地区财政支出占 GDP 的比重表示。

本研究从《中国统计年鉴（2007—2011）》和《中国环境统计年鉴（2007—2011）》收集了 2006—2009 年我国 31 个地区的环保投资数据和其他经济数据，所有数据来自于《中国统计年鉴（2007—2011）》和《中国环境统计年鉴（2007—2011）》。

（2）描述性统计

表 4-1 为主要变量的描述性统计结果。由表 4-1 可知，各地区在生产技术与环保投资方面的差异十分突出。

表 4-1　描述性统计

变量	样本量	均值	最大值	最小值	标准差
生产技术（Tech）	155	9.86	12.07	4.57	10.27
环保投资总额（Envi_invest）	155	90.01	519.70	0.20	92.05
环境基础设施建设投资（Envi_invest1）	155	55.23	296.00	0.20	52.51
工业污染源治理投资（Envi_invest2）	155	16.42	84.40	0.00	14.47
建设项目"三同时"环保投资（Envi_invest3）	155	34.14	399.5	0.00	43.09
经济发展水平（GDP）	155	11.41	12.89	7.83	11.28
产业结构（Structure）	155	40	76	28	0.08
固定资产投资（Investment）	155	47 175.10	190 345.30	2 703.4	37653
政府支出（Expenditure）	155	20.08	96.41	7.92	13.95

（3）单位根检验

表 4-2 为 2006—2010 年各地区生产技术（Tech）、环保投资（Envi_invest）、环境基础设施建设投资（Envi_invest1）、工业污染源治理投资（Envi_invest2）、建设项目"三同时"环保投资（Envi_invest3）、经济发展水平（GDP）、产业结构（Structure）、固定资产投资（Investment）、政府支出（Expenditure）的单位根检验。ADF 检验都显示，各项数据都拒绝了单位根检验，数据都是平稳的。

表 4-2　单位根检验

变量	ADF	变量	ADF
生产技术（Tech）	−8.953***	经济发展水平（GDP）	−7.782***
环保投资总额（Envi_invest）	−9.164***	产业结构（Structure）	−13.787***
环境基础设施建设投资（Envi_invest1）	−8.429***	固定资产投资（Investment）	−7.786***
工业污染源治理投资（Envi_invest2）	−7.882***	政府支出（Expenditure）	−6.450***
建设项目"三同时"环保投资（Envi_invest3）	−10.437***		

注：*、**、***分别表示在 10%、5%、1%的水平下显著。

（4）多元回归结果

由于我们只是对样本自身的效应进行分析，并且我们也非常关心各地区的特定情况对环保溢出效应的影响，在这方面，面板数据的固定效应模型更具优势，因此采用固定效应模型，对模型进行回归，结果见表 4-3。

表 4-3　环保投资的溢出效应检验

变量	回归（1）	回归（2）	回归（3）	回归（4）
环保投资总额（Envi_invest）	0.001** （2.17）			
环境基础设施建设投资（Envi_invest1）		0.001** （2.39）		
工业污染源治理投资（Envi_invest2）			0.006** （2.13）	
建设项目"三同时"环保投资（Envi_invest3）				0.001** （2.24）
初始技术水平（Pre_tech）	0.270*** （3.41）	0.271*** （3.38）	0.276*** （3.49）	1.022*** （39.42）
经济发展水平（GDP）	0.790* （1.96）	0.774* （1.91）	0.729* （1.80）	−0.044 （−0.65）
产业结构（Structure）	5.241*** （4.18）	5.080*** （3.95）	5.409*** （4.17）	0.457*** （2.92）
固定资产投资（Investment）	−0.016 （−0.04）	0.009 （0.02）	0.030 （0.07）	0.170 0** （2.36）
政府支出（Expenditure）	0.018 （1.32）	0.019 （1.37）	0.017 （1.25）	0.007*** （4.24）
Adj-R^2	0.989	0.988	0.988	0.992
样本量	155	155	155	155

注：*、**、***分别表示在 10%、5%、1%的水平下显著，括号中的数字为 T 值。

表 4-3 中，回归（1）以环保投资总额表征环保投资，回归（2）以环境基础设施建设投资表征环保投资，回归（3）以工业污染源治理投资表征环保投资，回归（4）以建设项目"三同时"环保投资表征环保投资。变量环境污染治理投资总额（Envi_invest）、城市环境基础设施投资（Envi_invest1）、工业污染源治理投资（Envi_invest2）、建设项目"三同时"环保投资（Envi_invest3）的估计系数在四个回归中均显著为正，说明环保投资越多，企业的生产技术水平越高。环境投资对企业技术进步有带动作用，对企业的生产技术有着显著的溢出效应。以环境污染治理投资总额（Envi_invest）表征环保投资为例，除环保投资对生产技术产生明显的溢出效应外，地区初始技术水平（Pre_tech）对生产技术也有显著的正向影响，地区初始技术水平越高，当期技术水平越高。经济发展水平（GDP）对生产技术的影响是显著为正的，当地经济发展水平越高，技术越先进。产业结构（Structure）对生产技术的影响是正向显著的，第三产业比重越高，生产技术水平越高。固定资产投资（Investment）和政府支出（Expenditure）仅在回归（4）中显著为正。

为了进一步检验不同区域的环保投资溢出效应，我们按照区域划分，将 31 个地区划分为东部、中部和西部，分别检验这三个地区环保投资的溢出效应，结果见表 4-4、表 4-5、表 4-6。

表 4-4 以环境基础设施建设投资表征环保投资。

表 4-4　不同地区环保投资的溢出效应检验（以环境基础设施建设投资表征）

变量	东部地区	中部地区	西部地区
环境基础设施建设投资（Envi_invest1）	0.003 （1.23）	0.001 （0.12）	−0.004 （−1.25）
初始技术水平（Pre_tech）	−0.460*** （−3.29）	0.236 （0.99）	−0.013 （−0.07）
经济发展水平（GDP）	0.432 （0.20）	0.143 （0.18）	3.292 （1.60）
产业结构（Structure）	1.870 （0.37）	−0.672 （−0.20）	0.866 （0.14）
固定资产投资（Investment）	0.002 （0.00）	−0.360 （−0.40）	1.095 （0.56）
政府支出（Expenditure）	0.022 （0.84）	−0.005 （−0.22）	−0.019 （−0.42）
Adj-R^2	0.155	0.248	0.007
样本量	55	40	60

注：*、**、***分别表示在10%、5%、1%的水平下显著，括号中的数字为 T 值。

表 4-5 以工业污染源治理投资表征环保投资。

表 4-5　不同地区环保投资的溢出效应检验（以工业污染源治理投资表征）

变量	东部地区	中部地区	西部地区
工业污染源治理投资（Envi_invest2）	0.001 （0.14）	0.013** （2.22）	−0.013 （−0.57）

变量	东部地区	中部地区	西部地区
初始技术水平（Pre_tech）	-0.459^{***} （-3.23）	0.331 （1.68）	-0.060 （-0.32）
经济发展水平（GDP）	0.362 （0.16）	-0.207 （-0.20）	3.384 （1.61）
产业结构（Structure）	1.544 （0.30）	-0.764 （-0.26）	1.819 （0.29）
固定资产投资（Investment）	0.066 （0.09）	-0.228 （-0.29）	1.113 （0.55）
政府支出（Expenditure）	0.013 （0.50）	-0.009 （-0.62）	-0.010 （-0.22）
Adj-R^2	0.127	0.032	0.026
样本量	55	40	60

注：*、**、***分别表示在10%、5%、1%的水平下显著，括号中的数字为T值。

表4-6以建设项目"三同时"环保投资表征环保投资。

表4-6　不同地区环保投资的溢出效应检验（以建设项目"三同时"环保投资表征）

变量	东部地区	中部地区	西部地区
建设项目"三同时"环保投资（Envi_invest3）	0.001^{**} （2.42）	0.004^{*} （1.80）	-0.000 （-0.04）
初始技术水平（Pre_tech）	0.989^{***} （34.93）	0.897^{***} （9.61）	1.059^{***} （18.79）
经济发展水平（GDP）	0.017 （0.27）	0.043 （0.26）	-0.171 （-0.72）
产业结构（Structure）	0.154 （0.77）	0.865 （0.90）	-1.172 （-1.36）
固定资产投资（Investment）	0.006 （0.11）	0.038 （0.20）	0.166 （0.64）
政府支出（Expenditure）	-0.002 （-0.50）	0.002 （0.10）	0.012^{***} （3.37）
Adj-R^2	0.996	0.977	0.981
样本量	55	40	60

注：*、**、***分别表示在10%、5%、1%的水平下显著，括号中的数字为T值。

由表4-4、表4-5和表4-6可知，环保投资溢出效应的区域差别很大。以表4-6为例，东部地区的环保投资溢出效应十分明显，环保投资越高，生产技术越先进。中部地区环保投资溢出效应也是显著的，但这种影响较东部地区弱些。西部地区环保投资的溢出效应并不显著。这意味着，即使增加环保投资，也并不必然提升生产技术，环保投资溢出效应也未必显现。原因是，环保投资必须要落到实处，作用到具体企业，才能使投资转化为生产力。这就要求每个地区必须具备环保投资发挥溢出效应的土壤，例如灵活的创新机制、宽松的融资制度、严格的专利保护措施等。相比之下，东部地区的开放程度较高，制度健全程度较高，为环保投资溢出效应的作用发挥提供了前提，而西部地区目前尚不具备这样的条件。另外，政府支出对生产技术的影响在各地区存在很大差别。在西部地区，财政支出对生产技术的正向影响十分显著，这种影响在东部地区和中部地区并不明显，符号也不相同。也就是说，越是经济不发达地区，如西部地区，政府行为对生产技术的影响越明显。这表明，在不发达地区，生产技术的提升更多地要依赖政府行为。而在经济发达的东部地区，技术改进已经成为企业的自发行为。

4.4　如何通过环保投资促进技术进步

环保投资不同于一般投资，它对经济增长同时存在"普通环保效应"、"环境改善效应"和"溢出效应"三种作用途径。以往文献将研究重点放在前两种效应，忽视了环保投资的溢出效应，这不利于正确认识环保投资的作用与地位。本章基于内生增长模型，将环境质量纳入效用函数，污染排放强度纳入生产函数，利用环保投资将污染排放强度内生化，用理论模型证明了环保投资的溢出效应，即环保投资不仅能够通过普通投资的作用途径促进经济增长，还能促使生产技术的环保化，提高环保技术水平，进而在既定环境规制下，实现经济可持续增长。来自中国 31 个地区 2006—2010 年的面板数据检验表明，环保投资确实对生产技术有显著的溢出效应。但是，这种效应存在明显的地域差别。而且，这种技术溢出效应还表现出一定的"马太效应"，即当地经济发展水平越高，产业结构越优化，初始技术水平越高，技术溢出效应越大。

"十二五"期间，我国经济总量仍将保持高速增长，能源资源消耗还要增加，环境容量有限的基本国情不会改变。因此，我们建议政府应进一步扩大环保投资，不仅需要较大规模的环保投资对已产生的环境污染进行治理，还可以通过加大环保投资来"扩内需"、拉动经济发展。而且，可以借助环保投资的技术溢出效应去推动企业自主创新，带动企业的技术进步，促使企业少排放、少污染，从而真正实现从末端治理到生产全过程治理的转变。

第5章 环保投资的社会民生效应[①]

5.1 环保投资与就业："挤出"还是"带动"

由于环境问题的结构型、复合型、压缩型特点，近些年来，我国环保投资逐年增加，从 2003 年的 1 544.1 亿元猛增至 2010 年的 6 654.2 亿元，环保投资占 GDP 的比重也从 2003 年的 1.39%增至 2010 年的 1.66%。环保投资逐年递增，投资比重连续攀升，带来了污染排放的降低和环境质量的改善，当然，也有经济的增长。大多数研究认为环保投资不仅能够改善环境质量，还能帮助企业获得竞争优势，实现环境改善与经济增长的双赢（Esty 和 Porter，1998；Reinhardt，1999；蒋洪强，2004；蒋洪强等，2005；高广阔和陈珏，2008；Tamazian et al.，2009；邵海清，2010）。然而，环保投资与就业的关系却引发了众多争论。

环保与就业关系的研究始于 20 世纪 90 年代。之前的相关研究侧重于环保对经济发展的作用，忽略了环保对就业等民生问题的影响（Bliese，1999）。早期研究认为，环保会对就业产生负面影响（陆旸，2011）。不过，随着环保产业的快速发展，环保产业创造就业的作用日益显著，相应地，对环保与就业关系的判断也发生了变化。一些研究认为，环保和就业并不是权衡（trade-off）的关系，环保在改善环境的同时，还能创造就业（Goodstein，1995）。然而，基于中国数据的实证研究并不多。2012 年我国政府工作报告把"就业优先"列为经济工作首要目标之一，而《国家环境保护"十二五"规划》中计划的各项环境保护工程预计需要全社会环保投资 3.4 万亿元。那么，环保和就业，到底是鱼与熊掌的权衡，还是二者兼得？

直观来看，环保投资会对企业生产性投资形成一定的挤出，结果导致"由治污活动带来的就业"和"由生产活动带来的就业"之间出现替代关系（陆旸，2011）。事实上，环保投资除了挤出生产性投资外，还有两个作用是不容忽视的。第一，部分环保投资被用于环保产业化，这部分投资同样是生产性的，与普通投资对就业的带动效应并无差别。因此，作用于环保产业化的环保投资会带动就业数量的增加。例如，有些环保投资被应用于末端治理，如建造污水处理厂或购买污染处理设备，这会促进环保产业的发展，推动环保产业化，此时，环保投资会带动相应的就业。第二，部分环保投资被用于产业环保化，旨在提升非环保产业的生产清洁程度。例如，有些环保投资被应用于过程控制或源头防治，如改进生产技术以降低污染排放强度，此时，环保投资会提高技术水平，对技术进步产生溢出效应（Lin et al.，2012；张平淡等，2012b），相应地，这部分环保投资与就业的关系就变为技术进步与就业的关系。而技术进步与就业的关系错综复杂，一些研究认为，技术进步

① 本章内容已发表于"张平淡，2013. 中国环保投资的就业效应：挤出还是带动？中南财经政法大学学报，（1）".

在短期内会促进就业，而在长期内则会减少就业（Gali，2005）；另外一些研究则认为，技术进步会挤出就业（姚战琪和夏杰长，2005）。总体而言，环保投资对就业规模的影响取决于就业带动与就业挤出的比较。如果带动大于挤出，那么，环保投资对就业规模的影响就是有益的。

　　基于此，本章依据不变要素替代弹性生产函数（CES 生产函数）对环保投资的就业效应进行理论推导，然后构造生产性环保投资和技术性环保投资的面板数据，并通过两阶段GMM 估计方法检验近些年中国环保投资的就业效应。

5.2　社会民生效应的作用机理

　　借鉴公共投资就业效应的处理方法（徐旭川和杨丽琳，2006），本研究同样采用 CES 生产函数分析环保投资与就业的关系。CES 生产函数的基本形式为 $Y = A[\alpha K^\rho + (1-\alpha)L^\rho]^{\lambda/\rho}$。式中，$K$ 为资本投入，$K>0$；L 为人力投入，$L>0$；A 为希克斯中性技术进步参数，$A>0$；λ 为规模报酬参数，$\lambda>0$；α 为资本产出弹性参数，$0<\alpha<1$；ρ 为要素替代弹性参数，$\rho \leq 1$。

　　首先，将环保投资（EI）引入 CES 生产函数。环保投资等于生产性环保投资（E）和技术性环保投资（P）之和，即 EI=E+P。其中，E 与 K 的作用路径相同，而 P 则主要作用于 A。环保投资对就业的影响要区分环保投资的作用途径。当环保投资用于末端治理或环保产业发展时，是具有生产性的，这部分环保投资可以被称之为"生产性环保投资"（E）。在中国，这通常是以政府为主的环保投资。生产性环保投资对就业的影响途径与普通投资是一致的，它会带动就业的增长。当环保投资用于过程控制或源头防治时，是不具生产性的，这部分环保投资可以被称之为"技术性环保投资"（P）。在中国，这通常是以企业为主的环保投资。技术性环保投资对就业的影响应该与技术进步一致，它可能在短期内由于研发支出而带动技术工人的就业，但在长期内可能对就业产生挤出效应。

　　假设在一定时期内企业可使用的资本总量是有限的，则环保投资（EI）与一般性投资（K）之和不能超过某个上限，假设这个上限为 I，即 $K+E+P \leq I$。据此，将环保投资引入CES 生产函数，同时假设 $\lambda=1$，即规模报酬不变：

$$Y_t = A_t\left[\alpha K_t^\rho + \beta E_t^\rho + (1-\alpha-\beta)L_t^\rho\right]^{1/\rho} \tag{5-1}$$

　　其中，生产技术可以进一步写成：

$$A_t = A_0(P_t)^\gamma \tag{5-2}$$

　　将式（5-1）和式（5-2）合并，得到：

$$Y_t = A_0(P_t)^\gamma\left[\alpha K_t^\rho + \beta E_t^\rho + (1-\alpha-\beta)L_t^\rho\right]^{1/\rho} \tag{5-3}$$

　　假设平均工资为 w，利息率为 r，则厂商的最优化行为可以描述为：

$$\begin{aligned} &\max Y_t - r_t(K_t + E_t + P_t) - w_t L_t \\ &\text{s.t.} K_t + E_t + P_t = I_t \end{aligned} \tag{5-4}$$

该最优化问题的一阶条件为:

$$\frac{\partial Y_t}{\partial L_t} = A_0(P_t)^\gamma \left[\alpha K_t^\rho + \beta E_t^\rho + (1-\alpha-\beta)L_t^\rho \right]^{\frac{1-\rho}{\rho}} (1-\alpha-\beta)L_t^{\rho-1} = w_t \qquad (5\text{-}5)$$

求解式（5-5），得劳动需求函数:

$$L_t = \left(\frac{1-\alpha-\beta}{w_t} \right)^{\frac{1}{1-\rho}} \left[A_0(P_t)^\gamma \right]^{\frac{\rho}{1-\rho}} Y_t \qquad (5\text{-}6)$$

根据劳动需求函数，求解生产性环保投资（E）和技术性环保投资（P）对劳动需求的影响，得到:

$$\frac{\partial L_t}{\partial E_t} = \left(\frac{1-\alpha-\beta}{w_t} \right)^{\frac{1}{1-\rho}} \left[A_0(P_t)^\gamma \right]^{\frac{1}{1-\rho}} \beta E_t^{\rho-1} \left[\alpha K_t^\rho + \beta E_t^\rho + (1-\alpha-\beta)L_t^\rho \right]^{\frac{1-\rho}{\rho}} \qquad (5\text{-}7)$$

$$\frac{\partial L_t}{\partial P_t} = \frac{\gamma}{1-\rho} \frac{Y_t}{P_t} \left(\frac{1-\alpha-\beta}{w_t} \right)^{\frac{1}{1-\rho}} \left[A_0(P_t)^\gamma \right]^{\frac{1}{1-\rho}} \qquad (5\text{-}8)$$

由此可知，$\partial L_t/\partial E_t > 0$，$\partial L_t/\partial P_t > 0$，说明生产性环保投资（$E$）和技术性环保投资（$P$）均对就业有着带动作用。

5.3 社会民生效应的效果检验

5.3.1 研究设计

（1）模型设定

为了检验上述假设，同时考虑到就业规模的动态调整过程，以及环保投资对就业规模影响的时滞，设定如下包含滞后变量的经验模型:

$$\text{EMP}_t = \sum_{j=0}^{2} \text{EI}_{t-j} + \text{EMP}_{t-1} + \sum_{j=0}^{2} \text{GDP}_{t-j} + \sum_{j=0}^{2} \text{WAGE}_{t-j} + \sum \text{Year} \qquad (5\text{-}9)$$

式中，因变量为就业规模（EMP），用地区城镇单位就业人员数表示（单位：万人）。这里不采用城乡总就业人员数，是因为中国农村存在很大的隐性就业，城乡总就业量数据的可靠性较差。自变量为当期环保投资（EI）、滞后一期的环保投资（EI_{t-1}）和滞后两期的环保投资（EI_{t-2}），为了得出环保投资的就业弹性，用地区环保投资总额表示（单位：亿元）。按照环保投资的来源将环保投资划分为两部分：以政府为主的环保投资，即生产性环保投资（EI-ZF）和以企业为主的环保投资，即技术性环保投资（EI-QY）。控制变量包括前期的就业规模（EMP_{t-1}）（单位：万人），用就业规模（EMP）的滞后一期表示；经济发展水平（GDP），用地区国内生产总值的自然对数表示；工资水平（WAGE），用城镇单位就业人员平均工资表示（单位：元）；年份（Year）为哑变量。

（2）数据来源和处理

以2003—2010年中国30个地区的数据为研究对象，由于个别数据缺失，剔除了西藏。

面板数据是平衡的（balanced），包括 8 年 30 个截面，共 240 个观测点。各地区就业规模（EMP）、经济发展水平（GDP）和工资水平（WAGE）来自《中国统计年鉴》，环保投资总额（EI）来自《中国环境统计年鉴》。

中国环保投资总额包含了城市环境基础设施建设投资、工业污染源治理投资和建设项目"三同时"环保投资，投资主体主要是政府，不过，《中国环境统计年鉴》中并没有完全披露全部环保投资的资金来源，只披露了工业污染源治理投资的资金来源。环境基础设施建设投资的主体是政府，资金来源是政府支出，而建设项目"三同时"环保投资的主体是企业，资金来源是企业自筹。因此，借鉴张平淡等（2012a）的做法，近似将环境基础设施建设投资和工业污染源治理投资中的政府资金来源相加，看作是以政府为主的环保投资，即生产性环保投资（EI–ZF）；将建设项目"三同时"环保投资和工业污染源治理投资中的企业资金来源相加，看作是以企业为主的环保投资，即技术性环保投资（EI–QY）。

（3）估计方法

为了考察环保投资对就业的动态作用效应，经验模型使用了滞后两期的解释变量，不过这会造成内生性问题，如果使用普通最小二乘估计和固定效应模型都会产生严重偏差。根据本研究样本时间跨度短、截面较多的动态面板特点，选择 Arelleno 和 Bond（1991）提出的差分 GMM 估计方法，这种方法可以较好地解决由于内生性和数据异质性造成的偏差。为了更加有效地解决异方差问题，需要采用两阶段差分 GMM 估计方法。考虑到两阶段差分 GMM 估计方法会低估参数的标准误差，本研究采用两阶段-纠偏-稳健型估计量，以进行更好的统计推断。估计步骤为：首先，对经验模型（5-9）进行差分，以消除地区固定效应；然后，以滞后两期的内生变量（EMP_{t-2}）和全部外生变量作为工具变量进行 GMM 估计；最后，进行模型筛选。

5.3.2 描述性统计

表 5-1 为主要变量的描述性统计。由表 5-1 可知，各地区环保投资（EI）差别很大，最大值为 1 416.2 亿元，最小值仅为 0.9 亿元。各地区生产性环保投资（EI–ZF）、技术性环保投资（EI–QY）的差别也很大，而且，生产性环保投资（EI–ZF）的均值大于技术性环保投资（EI–QY）。

表 5-1 主要变量的描述性统计

变量	样本量	均值	标准误差	最小值	最大值
就业规模（EMP）	240	389.30	225.26	42.52	1 118.52
环保投资（EI）	240	103.39	125.48	0.90	1 416.20
生产性环保投资（EI–ZF）	240	63.09	95.50	1.20	1 263.05
技术性环保投资（EI–QY）	240	41.13	43.73	0.57	437.95
经济发展水平（GDP）	240	8 934.71	8 154.47	390.20	46 013.06
工资水平（WAGE）	240	23 357.94	9 989.81	10 397.00	66 115.00

5.3.3 回归结果

以 2003—2010 年中国 30 个地区的就业规模（EMP）为因变量，环保投资（EI）为自变量，前期就业规模（EMP$_{t-1}$），经济发展水平（GDP），工资水平（WAGE），年份（Year）为控制变量，做两阶段 GMM 估计。回归（1）、（2）、（3）分别以环保投资总额（EI）、生产性环保投资（EI-ZF）、技术性环保投资（EI-QY）为因变量，结果见表 5-2。

表 5-2 环保投资对就业规模的估计结果（生产性环保投资和技术性环保投资）

变量	回归（1） 环保投资总额 （EI）	回归（2） 生产性环保投资 （EI-ZF）	回归（3） 技术性环保投资 （EI-QY）
环保投资（EI）	0.021**	0.009	−0.052
	(2.58)	(0.97)	(−1.19)
滞后一期的环保投资（EI$_{t-1}$）	−0.023	−0.043	−0.048
	(−0.84)	(−0.84)	(−1.31)
滞后两期的环保投资（EI$_{t-2}$）	−0.007	−0.058	0.017
	(−0.25)	(−1.26)	(0.61)
前期就业规模（EMP$_{t-1}$）	1.058***	1.075***	1.038***
	(29.27)	(20.86)	(23.86)
经济发展水平（GDP）	48.401	67.462	6.992
	(0.64)	(0.85)	(0.10)
滞后一期的经济发展水平（GDP$_{t-1}$）	−61.256	−53.013	18.644
	(−0.75)	(−0.65)	(0.24)
滞后两期的经济发展水平（GDP$_{t-2}$）	8.860	−18.259	−19.194
	(0.11)	(−0.34)	(−0.36)
工资水平（WAGE）	−0.003	−0.004	−0.003*
	(−0.80)	(−1.43)	(−1.85)
滞后一期的工资水平（WAGE$_{t-1}$）	0.002	0.004**	0.003
	(0.92)	(2.61)	(1.59)
滞后两期的工资水平（WAGE$_{t-2}$）	0.002	0.001	0.001
	(0.59)	(0.39)	(0.38)
AR（1）	0.045	0.013	0.025
AR（2）	1.000	0.658	0.858
Hansen J	0.952	0.744	0.996
观测值数	180	180	180

注：*、**、***分别表示在 10%、5%、1%的水平上显著。括号内为 T 值。AR（1）和 AR（2）分别表示误差项一阶和二阶自相关检验的 P 值。年份和常数项的估计系数从略。

回归（1）显示，环保投资（EI）的估计系数显著为正，说明环保投资总额对就业规模的当期作用是带动，而不是挤出。根据估计系数，可以认为，环保投资总额增加 1 倍，就业规模提高 2 个百分点。滞后一期的环保投资（EI$_{t-1}$）和滞后两期的环保投资（EI$_{t-2}$）的估计系数为负，但并不显著，这表明环保投资对就业规模的带动效应并不具备长期性。此外，前期就业规模（EMP$_{t-1}$）的估计系数显著为正，表明就业规模存在一定的路径依赖，就业挤出较高的地区更有利于环保投资就业效应的发挥。AR（2）的 P 值等于 1，表明该模型的干扰项不存在二阶序列相关问题。Hansen 检验值等于 0.952，表明工具变量的选择较为合理。回归（2）检验了生产性环保投资（EI-ZF）的就业效应。当期和滞后一期生产性环保投资的估计系数均不显著。回归（3）检验了技术性环保投资（EI-QY）的就业效应。当期和滞后一期生产性环保投资的估计系数也不显著。与回归（2）的检验结果不同的是，估计系数的符号相反。

结合回归（1）、（2）和（3），可以认为，环保投资总额对当期就业有显著的带动效应，生产性环保投资对当期就业有带动作用，可技术性环保投资对当期就业却有挤出效应（这与依据 CES 生产函数推导得到的假设有所不同），此外，环保投资总额对就业的带动效应并不具备长期性。究其原因，可能与环保投资不同主体的动机差异相关，以企业为主的环保投资，其动机、用途与以政府为主的环保投资大不相同。政府将环保看做是具有外部正效应的公共物品，以政府为主的环保投资多投向环境基础设施建设，这部分环保投资与普通投资相同，是生产性环保投资，能够促进环保产业化，在当期带动就业。而企业将环保看作是一种规制，无法满足环境规制时才会主动进行环保投资。除了必须购进的环保设施外，主要用于技术改进，降低污染排放强度，以使得在现有环境规制下能够排放更多的污染物。这些技术性环保投资在短期内会挤出企业的生产性投资，在当期对就业产生挤出效应。

此外，中国东中西部地区的发展十分不平衡，当西部地区经济发展水平远远落后于东部地区时，还要面临东部地区在发展之初忽视掉的资源环境约束问题。因此，经济发展的不平衡很可能影响环保投资的就业效应，在此，分别检验东中西部地区环保投资的就业效应，结果见表 5-3。

表 5-3 环保投资对就业规模的估计结果（东中西部）

变量	东部	中部	西部
环保投资（EI）	0.040**	−0.800**	0.023***
	(2.57)	(−3.35)	(3.67)
滞后一期的环保投资（EI_{t-1}）	0.019	1.413**	0.056
	(0.44)	(3.09)	(1.37)
滞后两期的环保投资（EI_{t-2}）	0.051	−1.858**	−0.007
	(0.66)	(−2.44)	(−0.15)
前期就业规模（EMP_{t-1}）	0.887***	0.906***	1.006***
	(6.12)	(14.63)	(93.23)
经济发展水平（GDP）	13.250		
	(1.22)		
工资水平（WAGE）	−0.009	−0.001	−0.004
	(−1.69)	(−0.24)	(−1.42)
滞后一期的工资水平（$WAGE_{t-1}$）	−0.000	0.001	0.003
	(−0.11)	(0.14)	(0.87)
滞后两期的工资水平（$WAGE_{t-2}$）	0.009	0.007	0.002**
	(1.40)	(1.05)	(2.41)
AR（1）	0.164	0.096	0.027
AR（2）	0.595	0.393	0.605
Hansen J	1.000	1.000	1.000
观测值数	66	48	66

注：*、**、***分别表示在 10%、5%、1%的水平上显著。括号内为 T 值。AR（1）和 AR（2）分别表示误差项一阶和二阶自相关检验的 P 值。年份和常数项的估计系数从略。由于内生性问题，模型中的个别变量被剔除了。

由表 5-3 可知，东部地区与西部地区的回归结果比较相似，环保投资（EI）的估计系数显著为正，表明东部地区和西部地区的环保投资对就业存在明显的带动效应，不过，这种带动效应在长期内会衰减。中部地区的环保投资（EI）估计系数则显著为负，表明中部地区环保投资对就业存在挤出效应。不过，滞后一期的环保投资（EI_{t-1}）的估计系数显著为正，滞后两期的环保投资（EI_{t-2}）又显著为负。这表明中部地区环保投资对就业的作用效果十分不稳定，一方面反映出中部地区环保投资的不稳定，另一方面反映出当地治污减排政策实施力度的忽左忽右。

以上对环保投资就业效应的讨论主要集中在其对就业规模的影响，其实，除就业规模外，就业结构也是衡量地区就业水平的重要指标。因此，本研究用各地区第二产业城镇就业人数与第三产业城镇就业人数的比值表示该地区的就业结构（EMPSTR），这个指标越小，说明第二产业就业比重相对于第三产业就业比重越低，就业结构越合理。进一步检验全国及东中西部地区环保投资对就业结构的作用，结果见表 5-4。

表 5-4　环保投资对就业结构的作用（东中西部）

变量	全国	东部	中部	西部
环保投资（EI）	-0.023^{***} （-3.04）	0.004^{***} （4.50）	0.001^{*} （2.30）	0.001 （0.24）
滞后一期的环保投资（EI_{t-1}）	-0.039 （-0.99）	0.000 （0.896）	0.000 （0.91）	-0.005 （-0.79）
滞后两期的环保投资（EI_{t-2}）	-0.053 （-0.90）	-0.001^{**} （-3.19）	0.001^{**} （2.43）	-0.006^{***} （-7.15）
前期就业结构（$EMPSTR_{t-1}$）	1.052^{***} （23.39）	-0.352^{***} （-4.11）		
经济发展水平（GDP）	0.080 （0.73）			0.093^{***} （10.92）
滞后一期的经济发展水平（GDP_{t-1}）	0.027 （0.22）		0.081^{***} （5.31）	
滞后两期的经济发展水平（GDP_{t-2}）	-0.096 （-0.98）	0.105^{***} （15.93）		-0.012 （-1.35）
工资水平（WAGE）	-0.000 （-0.94）	0.000 （0.06）	0.001 （0.30）	0.001^{***} （7.99）
滞后一期的工资水平（$WAGE_{t-1}$）	0.000 （0.05）	0.000 （0.11）	-0.004^{***} （-9.87）	-0.001^{**} （-3.11）
滞后两期的工资水平（$WAGE_{t-2}$）	0.001 （0.97）	0.001^{***} （5.66）	0.003^{***} （7.27）	-0.001 （-1.33）
AR（1）	0.024	0.084	0.046	0.020
AR（2）	0.621	0.387	0.270	0.363
Hansen J	0.771	1.000	1.000	1.000
观测值数	180	66	48	66

注：*、**、***分别表示在 10%、5%、1%的水平上显著。括号内为 T 值。AR（1）和 AR（2）分别表示误差项一阶和二阶自相关检验的 P 值。年份和常数项的估计系数从略。由于内生性问题，模型中的个别变量被剔除了。

由表 5-4 可知，当期全国环保投资（EI）的估计系数显著为负，且滞后一期的全国环保投资（EI_{t-1}）和滞后两期的全国环保投资（EI_{t-2}）的估计系数虽然不显著，但也为负，表明环保投资能够改善就业结构，提高第三产业就业人数的相对比重，这些说明环保投资优化就业结构存在长期效应。不过，东部地区的当期环保投资增加了二产就业人员的比重，而滞后一期环保投资的估计系数虽然仍为正，但已变得不再显著，说明东部地区当期环保投资对就业结构的恶化作用在弱化。之所以出现这种情况，可能的原因是环保投资在当期促进了环保产业在东部地区的发展，强化了东部地区的二产比例，增加了二产就业人员的比重。在中部地区，环保投资的估计系数仍然为正，但显著性水平较低，仅为 0.1，西部地区环保投资的估计系数并不显著，无统计意义。

5.4 如何通过环保投资促进就业增长

环保和就业，都是重大的民生问题。环保投资，是带动了就业，还是挤出了就业？这个问题不仅关系到环保投资作用效果的评价，更是政府部门制定就业政策的重要参考。本章依据 CES 生产函数对环保投资的就业效应进行理论推导，还利用两阶段 GMM 估计方法，检验 2003—2010 年全国 30 个地区环保投资对就业数量和就业结构的影响。研究发现，总体而言，环保投资总额对就业规模的作用是带动。环保投资总额增加 1 倍，就业规模提高 0.2 个百分点。从环保投资主体来看，以政府为主的环保投资（即生产性环保投资）在短期内会带动就业数量的增长，而以企业为主的环保投资（即技术性环保投资）短期内会挤出就业。从区域来看，东部和西部的环保投资额对就业规模有显著的带动作用，可中部地区的环保投资总额对就业规模有显著的挤出效应。另外，环保投资还能改善就业结构，提高第三产业就业人数的相对比重。

鉴于此，应当充分肯定环保投资对就业的带动效应，全面认识环保投资对经济发展的作用和对社会民生改善的影响。环保投资不仅同普通投资一样通过乘数效应增加产出，同研发投资一样对生产技术产生溢出效应，还能对就业产生带动效应，可谓"三重红利"，能够实现经济发展和民生的共赢发展。

第6章 环保投资的产业绩效评估

6.1 环保投资与环保产业发展现状

1990 年国务院颁发的《关于积极发展环境保护产业的若干意见》首次对环保产业进行定义："环保产业是指国民经济中以防止环境污染、改善生态环境、保护自然资源为目的所进行的技术开发、产品生产、商品流通、资源利用、信息服务、工程承包等活动的总称"。近年来，我国环保产业迅速发展，环保产业单位数从 1996 年的不足 8 000 家增至 2011 年的 3 万多家，环保产业就业人数从 1996 年的几百人上升至 2011 年的近 300 万人。环保产业的发展才刚刚开始，时任副总理的李克强同志在第七次全国环保大会上明确指出："'十一五'期间，我国节能环保产业产值累计超过 7 万亿元，增加约 2 万亿元，已接近全社会环保投入。'十二五'期间，节能环保产业产值累计将达到十几万亿元，增加值将超过环保投入，显示出新创产出大于治理投入的良好前景。"由此可见，环保产业发展与环保投资密切相关，环保产业发展是从产业层面对环保投资绩效的有利评价。

就我国环保产业发展的规模而言，据有关部门统计和测算，2004 年我国环保产业共有从业企业 1.2 万余家，从业人员 153 余万人，产业收入总额达到 4 500 亿元，其中环保产品收入为 341.9 亿元，资源综合利用收入为 2 787.4 亿元，环境服务收入为 264.1 亿元，其他产品收入为 1 178.7 亿元；2006 年环保产业收入总额约为 6 000 亿元；2007 年约为 7 025 亿元，其中，环保产品 625 亿元，资源综合利用收入为 4 200 亿元，环境服务收入为 500 亿元，其他产品收入为 1 700 亿元；2008 年全国环保产业 8 200 亿元[①]，全国环保产业从业单位达到 3.5 万余家，从业人员 300 多万人；2009 年中国环保产业的产值为 9 500 亿元，2010 年这一数据为 110 003 亿元。初步测算"十二五"期间中国环保产业可保持 15%～20% 的增长速度，到 2015 年环保产业的年收入总值将超过 45 000 亿元左右。

现有研究将环保产业的快速发展归功于如下几个因素：第一，环境规制的加强迫使排污企业不得不重视环境保护，这就为环保产业的发展奠定了市场基础（毛如柏，2010；李树等，2011）；第二，环境政策的大力实施在政府、排污企业和环保企业之间形成了有效的传导机制，进而促进了环保产业发展（原毅军和耿殿贺，2010）；第三，环境技术通过技术创新、技术交易和技术实施三个环节形成了环保产业发展的直接驱动力（蒋洪强和张静，2012）。除此之外，环保投资对环保产业发展的影响是不容忽视的。近些年来，为解决结构型、复合型、压缩型的环境问题，我国不断加大环保投入。环保投资逐年递增，投

[①] 根据《2008—2009 年中国节能环保产业发展研究报告》，2008 年全国节能环保产业总产值达 1.41 万亿元，其中节能产业 2 700 亿元，环保产业 1.14 万亿元（其中资源循环利用产业 6 600 亿元）。数据的差异主要是有关环保产业统计口径不一致造成的。

资比重连续攀升，不仅带来了污染排放的降低（张平淡等，2012b）、生产技术的改进（Lin *et al.*，2012；张平淡等，2012c）、企业竞争优势的提高（Nelson，1994；Esty 和 Porter，1998；Reinhardt，1999；Beker 和 Henderson，2000，2001；Berman 和 Bui，2001；Orlitzky *et al.*，2003；Al-Tuwaijri *et al.*，2004；Tamazian *et al.*，2009）和经济总量的增长（蒋洪强，2004；蒋洪强等，2005；高广阔和陈珏，2008；邵海清，2010），还极大地推进了环保产业的发展。

与上述研究不同，本章运用 2007 年的投入产出表进行计算，用环境管理业代表环保产业对其进行投入产出分析[①]，以此判断环保产业对国民经济各部门的关联关系。产业关联是指国民经济各部门在社会再生产过程中所形成的直接和间接的相互依存、相互制约的经济联系。它是国民经济中一个产业与其他产业之间的技术经济联系，即产业部门之间客观上存在的相互消耗和提供产品的关系，或产业部门之间的投入产出关系。关联度是对关联关系的量化，指一个产业投入产出关系的变动对其他产业投入产出水平的波及程度和影响程度，一般用直接消耗系数、完全消耗系数、直接分配系数、完全分配系数度量。环保产业的产业关联主要表现为两种方式：一是后向关联，即环保产业对那些向本产业供应生产要素的产业的影响；二是前向关联，即环保产业对那些将本产业的产品或服务作为其生产要素的产业的影响。

6.2 环保产业总产出最终使用结构分析

根据投入产出表，最终使用可分为最终消费、资本形成总额和出口。其中，最终消费又可分为居民消费和政府消费，资本形成总额可分为固定资本形成额和存货增加。因此最终使用分配系数可分为：消费分配系数、投资分配系数与出口分配系数。计算公式为：

$$h_{ij} = y_{ij}/X_i \quad (i, j=1, 2, 3\cdots) \tag{6-1}$$

式中，h_{ij} 代表各个部门的消费（或者投资、出口）系数；y_{ij} 代表各个部门总产出用于消费（或者投资、出口）部分；X_i 代表各部门总产出之和。

从 2007 年投入产出表中获取数据并进行计算，得知 2007 年中国环保行业的消耗分配系数为 0.383 3，而投资分配系数、出口分配系数都为 0，由此，最终使用分配系数为 0.383 3。表 6-1 对比了个别产业部门的分配系数。

表 6-1 部分部门分配系数对比表

部门	消费分配系数	出口分配系数	最终使用分配系数
环境管理业	0.383 3	0	0.383 3
水利和公共设施管理业	0.779 0	0	0.779 0
居民服务和其他服务业	0.457 5	0.032 5	0.490 1
教育	0.899 6	0.002 0	0.901 6
卫生、社会保障和社会福利业	0.938 1	0.003 8	0.941 9
文化、体育和娱乐业	0.472 1	0.092 7	0.564 8
公共管理和社会组织	0.989 9	0.002 7	0.992 5

① 当然，用环境管理业代表环保产业存在偏差，但基于投入产出表的现有行业划分方法，只能这样做。不过，环境管理业是环保产业的一个重要组成部门，20 世纪 90 年代后，环境管理业在环保产业中的份额不断提高，具有一定的代表性。

最终产品分配系数的大小说明了该部门的产品提供给社会作最终使用（消费、资本形成、出口）的数量占该部门产品总量的比重，这个值越大，说明该部门向社会提供最终产品相对较多。表 6-1 中所列部门，与政府关联都比较紧密。而从分配系数计算的结构上来看，这些部门的投资分配系数都为 0，说明环保产业对资本形成没有帮助。而且，从表中可以看出，环境管理业的最终使用分配系数是最低的，这说明环境管理业的产品对于国民经济的中间使用过程十分重要，环境管理业部门所生产的产品，大约有 2/3 在中间部门的使用中被消耗了，只有 38%左右流入最终使用过程中，用于居民和政府消费。

6.3 环保产业与其后向关联产业分析

后向关联是指一个产业对那些向其供应产品或服务的产业或部门的影响。从投入角度考虑，环保产业的生产过程需要其他产业部门的多种投入要素，中间消耗量越大，说明环保产业与该产业的关联度越大、对这些产业的需求影响越明显。环保产业与其后向关联产业之间的关联效应可从直接关联和完全关联两方面分析。直接的消耗表征了直接关联关系，而直接和间接消耗体现了完全关联关系。将关联度大于平均水平加一个标准差的产业定义为密切关联产业，大于平均水平的产业定义为较密切关联产业，小于平均水平而不为零的产业为有关联产业，为零的产业为无关联产业。以此来对环保产业关联产业进行分类分析。

6.3.1 环保产业与其直接后向关联产业分析

直接关联是某产业在生产运行过程中与其他产业的直接技术经济联系程度，反映该产业因直接消耗而对其他产业产生的拉动和影响作用。直接关联的程度可以用直接消耗系数和直接分配系数来度量。

直接消耗系数度量了某产业部门对其他产业部门的直接消耗关系，也称投入系数，记为 a_{ij}（$i, j=1, 2, \cdots, n$），是指在生产经营过程中第 j 产业部门的单位总产出直接消耗的第 i 产业部门货物或服务的价值量。计算方法为：用第 j 产品（或产业）部门的总投入 X_j 去除该产品（或产业）部门生产经营中直接消耗的第 i 产品部门的货物或服务的价值量 x_{ij}，用公式表示为：

$$a_{ij} = \frac{x_{ij}}{X_j} \quad (i, j=1, 2, \cdots, n) \tag{6-2}$$

环保产业的直接消耗系数越大，说明环保产业对其他产业的直接需求越多，直接关联效应越明显。利用投入产出表的直接消耗系数矩阵列进行列向结构分析可以判定环保产业的直接后向关联产业，结果见表 6-2。表 6-2 中直接消耗系数的计算结果表明，135 个产业部门中，有 9 个产业部门与环保产业有着密切直接后向联系，17 个产业部门与环保产业有着较密切直接后向联系，74 个产业部门与环保产业有直接后向联系，35 个部门对环保产业无直接后向联系。环保产业每产出 1 万元产品，需要直接投入石油及核燃料加工业 652 元，电子计算机制造业 509 元，金融业 438 元，汽车制造业 342 元，其他服务业 239 元，专用化学产品制造业 206 元，电力、热力的生产和供应业 170 元，建筑业 162 元，仪器仪表制造业 150 元，纺织服装、鞋、帽制造业 135 元。说明环保产业的发展需要较多的石油及核燃料加工业、电子计算机制造业、金融业的直接投入，同时也需要涂料、油墨、颜料及类似产品制造业等部门提供必要的相关服务，环保产业对这些产业产生了直接拉动作用。

表 6-2 环保产业主要直接后向关联产业

直接后向关联产业	序码	直接消耗系数	直接后向关联产业类型
石油及核燃料加工业	037	0.065 2	密切关联
电子计算机制造业	084	0.050 9	密切关联
金融业	111	0.043 8	密切关联
汽车制造业	074	0.034 2	密切关联
其他服务业	125	0.023 9	密切关联
专用化学产品制造业	044	0.020 6	密切关联
电力、热力的生产和供应业	092	0.017 0	密切关联
建筑业	095	0.016 2	密切关联
仪器仪表制造业	088	0.015 0	密切关联
纺织服装、鞋、帽制造业	030	0.013 5	密切关联
涂料、油墨、颜料及类似产品制造业	042	0.013 0	较密切关联
批发零售业	108	0.012 6	较密切关联
餐饮业	110	0.012 0	较密切关联
其他通用设备制造业	068	0.012 0	较密切关联
环境管理业	122	0.010 8	较密切关联
商务服务业	115	0.009 9	较密切关联
农业	001	0.009 9	较密切关联
保险业	112	0.009 7	较密切关联
煤炭开采和洗选业	006	0.006 5	较密切关联
木材加工及木、竹、藤、棕、草制品业	032	0.006 1	较密切关联
其他电气机械及器材制造业	081	0.005 1	较密切关联
日用化学产品制造业	045	0.005 1	较密切关联
电线、电缆、光缆及电工器材制造业	079	0.005 1	较密切关联
航空运输业	100	0.004 9	较密切关联
道路运输业	097	0.004 8	较密切关联
电信和其他信息传输服务业	105	0.004 7	较密切关联
金属制品业	063	0.004 7	较密切关联

6.3.2 环保产业与其完全后向关联产业分析

完全消耗系数是投入产出分析的另一个基本系数，是一个从投入角度分析产业之间的直接和间接技术经济联系的指标。一个产业或部门在生产过程中的直接消耗和全部的间接消耗之和构成了该产业的完全消耗，完全消耗系数的经济含义是，某产业单位产值的最终产品或服务对另一个产业产品或服务的完全消耗量。它通常计为 b_{ij}，是指第 j 产业部门每提供一个单位最终使用时，对第 i 产业部门产品或服务的直接消耗和间接消耗之和。以 I

记为单位矩阵，那么利用直接消耗系数矩阵 A 计算完全消耗系数矩阵 B 的公式为：

$$B = (I-A)^{-1} - I \qquad (6\text{-}3)$$

完全消耗系数越大，说明产业之间的后向完全关联越大，即一个产业的发展对另一个产业需求拉动作用越大。同样可以利用投入产出表的直接消耗系数矩阵列进行列向结构分析判定环保产业的完全后向关联产业，结果见表 6-3。从表 6-3 中完全消耗系数的计算结果可以发现：第一，有些产业与环保产业没有直接关联关系，但却有完全关联关系，如石油和天然气开采业、农业、煤炭开采和洗选业等，它们虽与环保产业无直接关联，但却与环保产业直接关联的产业有关联，于是产生了间接联系。第二，相对于直接后向关联，环保产业的完全关联产业数量多，关联强度大，说明环保产业有较强的间接拉动能力。第三，环保产业直接投入品主要有石油及核燃料加工业、电子计算机制造业、金融业、汽车制造业、其他服务业、专用化学产品制造业、电力、热力的生产和供应业、建筑业、仪器仪表制造业、纺织服装、鞋、帽制造业，而完全投入还包括石油和天然气开采业、煤炭开采和洗选业、电子元器件制造业、钢压延加工业、基础化学原料制造业，说明环保产业对基础工业的带动作用十分大。第四，环保产业内部的投入产出联系并不密切，说明环保产业企业之间并不具有较密切的消耗分配的产业联系。以上这些特点说明，环保产业对其后向关联产业的间接拉动作用不可忽视，这是环保产业的产业关联大，对国民经济波及面广的重要原因。因此，促进环保产业与其后向关联产业的协调发展是保持国民经济健康发展的重要一环。

表 6-3　环保产业主要完全后向关联产业

完全后向关联产业	序码	完全消耗系数	完全后向关联产业类型
石油及核燃料加工业	037	0.113 1	密切联系
电力、热力的生产和供应业	092	0.098 6	密切联系
石油和天然气开采业	007	0.085 5	密切联系
电子元器件制造业	085	0.076 0	密切联系
汽车制造业	074	0.075 3	密切联系
金融业	111	0.070 1	密切联系
电子计算机制造业	084	0.069 4	密切联系
专用化学产品制造业	044	0.044 3	密切联系
钢压延加工业	059	0.043 6	密切联系
基础化学原料制造业	039	0.040 8	密切联系
批发零售业	108	0.040 6	密切联系
其他通用设备制造业	068	0.035 4	密切联系
其他服务业	125	0.031 3	较密切联系
煤炭开采和洗选业	006	0.031 1	较密切联系
金属制品业	063	0.030 1	较密切联系
农业	001	0.030 0	较密切联系
有色金属冶炼及合金制造业	061	0.027 9	较密切联系
商务服务业	115	0.026 4	较密切联系
仪器仪表制造业	088	0.026 0	较密切联系

完全后向关联产业	序码	完全消耗系数	完全后向关联产业类型
塑料制品业	049	0.024 9	较密切联系
餐饮业	110	0.022 4	较密切联系
涂料、油墨、颜料及类似产品制造业	042	0.021 6	较密切联系
有色金属压延加工业	062	0.020 6	较密切联系
合成材料制造业	043	0.020 6	较密切联系
道路运输业	097	0.019 7	较密切联系
纺织服装、鞋、帽制造业	030	0.018 7	较密切联系
造纸及纸制品业	034	0.018 4	较密切联系
建筑业	095	0.018 2	较密切联系
棉、化纤纺织及印染精加工业	025	0.016 3	较密切联系
电线、电缆、光缆及电工器材制造业	079	0.016 2	较密切联系
保险业	112	0.016 0	较密切联系
木材加工及木、竹、藤、棕、草制品业	032	0.014 7	较密切联系
电信和其他信息传输服务业	105	0.012 7	较密切联系

6.4 环保产业与其前向关联产业分析

前向关联是指某产业对那些将本产业的产品或服务作为投入品或生产资料的产业的影响。从供给来看，环保产业作为一种要素提供给其他产业，其他产业的生产过程中直接或间接地消耗环保产业提供的产品或服务。因此，在环保产业与其他产业的投入产出关系中，环保产业产品或服务在各个产业投入中的份额直接反映了环保产业与其前向关联产业的关联作用。投入份额越大，说明环保产业对其他产业的推动作用和供给影响作用越大，产业之间的依存关系越密切。

6.4.1 环保产业与其直接前向关联产业分析

环保产业与其前向关联产业的直接关联可用直接分配系数表示，直接分配系数是从产出角度分析产业之间直接技术经济联系的指标，其含义是某产业或部门产品分配给另一个产业或部门作为中间产品直接使用的价值占该种产品总产品的比例。直接分配系数是指国民经济各部门提供的货物和服务在各种用途（指中间使用和各种最终使用）之间的分配使用比例。用公式表示为：

$$h_{ij} = \frac{x_{ij}}{X_{ij} + M_i} \quad (i=1, 2, \cdots, n; \ j=1, 2, \cdots, n, n+1, \cdots, n+q) \qquad (6\text{-}4)$$

当 $j=1, 2, \cdots, n$ 时，为第 i 部门提供给第 j 部门中间使用的货物或服务的价值量；$j=n+1, \cdots, n+q$ 时，x_{ij} 为第 i 部门提供给第 j 项最终使用的货物或服务的价值量；q 为最终使用的项目数。M 为进口，X_i+M_i 为 i 部门货物或服务的总供给量（国内生产+进口）。环保产业的直接分配系数越大，说明其他产业对环保产业的直接需求越大，环保产业的直接供给推动作用越明显。

据上述公式对环保产业直接前向关联产业进行分析，结果见表 6-4。表 6-4 中直接分配系数计算结果表明，135 个产业部门中有 3 个部门与环保产业有密切直接前向联系，有 18 个部门与环保产业有较密切直接前向联系，有 104 个部门与环保产业有直接前向联系，有 10 个产业部门与环保产业无直接前向联系。环保产业每产出 1 万元产品，其中将作为中间品投入到旅游业 255 元，再次到环境管理业 108 元，投入到公共设施管理业 107 元。说明这些产业部门的发展需要环保产业的产品和服务作为生产投入品，环保产业对这些产业产生不同程度的推动作用。

表 6-4　环保产业主要直接前向关联产业

直接前向关联产业	序码	直接分配系数	直接前向关联产业类型
旅游业	116	0.025 5	密切联系
环境管理业	122	0.010 8	密切联系
公共设施管理业	123	0.010 7	密切联系
居民服务业	124	0.002 9	较密切联系
公共管理和社会组织	135	0.002 7	较密切联系
体育	133	0.002 6	较密切联系
教育	126	0.002 1	较密切联系
非金属矿及其他矿采选业	010	0.002 1	较密切联系
文化艺术业	132	0.002 1	较密切联系
棉、化纤纺织及印染精加工业	025	0.002 1	较密切联系
毛纺织和染整精加工业	026	0.001 9	较密切联系
保险业	112	0.001 8	较密切联系
管道运输业	101	0.001 7	较密切联系
煤炭开采和洗选业	006	0.001 3	较密切联系
住宿业	109	0.001 3	较密切联系
水利管理业	121	0.001 3	较密切联系
铁路运输业	096	0.001 1	较密切联系
地质勘察业	120	0.001 0	较密切联系
有色金属矿采选业	009	0.000 8	较密切联系
石油和天然气开采业	007	0.000 8	较密切联系
制糖业	014	0.000 8	较密切联系

6.4.2　环保产业与其完全前向关联产业分析

完全分配系数是一个从产出方向分析产业之间的直接和间接技术经济联系的指标，其经济含义是，某产业或部门每一个单位增加值通过直接或间接联系需要向另一个产业或部门提供的分配量。完全分配系数（用 w_{ij} 表示）是 i 部门单位总产出直接分配和全部间接分配（包括一次间接分配，二次间接分配，…，多次间接分配）给 j 部门的数量。它反映了 i 部门对 j 部门直接和通过别的部门间接的全部贡献程度，等于 i 部门对 j 部门的直接分配系数和全部间接分配系数之和。以 I 记为单位矩阵，那么利用直接分配系数矩阵 H 计算完全分配系数矩阵 W 的公式表示为：

$$W = (I - H)^{-1} - I \tag{6-5}$$

　　环保产业的完全分配系数越大，说明环保产业对其他产业的推动作用越大，产业之间的前向完全关联程度越大。依据上述方法计算环保产业的完全前向关联系数，结果见表 6-5。表 6-5 的完全分配系数计算结果表明，135 个产业部门中有 3 个部门与环保产业有密切完全前向联系，有 21 个部门与环保产业有较密切完全前向联系，有 122 个部门与环保产业有完全前向联系，有 0 个部门与环保产业无完全前向联系。环保产业 1 万元产出中完全的（直接或间接的）投入到旅游业 291 元，重新投入到环境管理业 116 元，投入到公共设施管理业 115 元。环保产业提供的产品和服务被直接和间接投入到这些行业中，对这些行业产生了推动作用，这种推动作用由直接需求和产业网络中间接需求产生。

表 6-5　环保产业主要完全前向关联产业

完全前向关联产业	序码	完全分配系数	完全前向关联产业类型
旅游业	116	0.029 1	密切联系
环境管理业	122	0.011 6	密切联系
公共设施管理业	123	0.011 5	密切联系
棉、化纤纺织及印染精加工业	025	0.004 0	较密切联系
体育	133	0.003 6	较密切联系
居民服务业	124	0.003 6	较密切联系
公共管理和社会组织	135	0.003 4	较密切联系
文化艺术业	132	0.003 3	较密切联系
毛纺织和染整精加工业	026	0.003 1	较密切联系
非金属矿及其他矿采选业	010	0.003 0	较密切联系
教育	126	0.002 8	较密切联系
保险业	112	0.002 7	较密切联系
管道运输业	101	0.002 3	较密切联系
纺织制成品制造业	028	0.002 2	较密切联系
针织品、编织品及其制品制造业	029	0.002 1	较密切联系
纺织服装、鞋、帽制造业	030	0.002 1	较密切联系
肥料制造业	040	0.002 1	较密切联系
煤炭开采和洗选业	006	0.002 1	较密切联系
住宿业	109	0.002 0	较密切联系
炼焦业	038	0.001 8	较密切联系
地质勘察业	120	0.001 8	较密切联系
水利管理业	121	0.001 7	较密切联系
制糖业	014	0.001 7	较密切联系
有色金属矿采选业	009	0.001 7	较密切联系

6.5　如何利用环保产业推动关联产业发展

　　通过对环保产业前向、后向的直接关联和完全关联产业的分析，我们有如下发现：首先，环保产业波及广泛。在 135 部门分类中，共有 100 个和 125 个产业分别与环保产业产生了前向和后向的直接联系，环保产业完全关联产业数量更多，波及作用更明显。其次，环保产业对其他产业的间接关联作用不容忽视，间接作用的存在强化了环保产业发展对其他产业的波及带动作用。与环保产业直接关联的产业之间同样存在消耗供给联系，环保产业与其直接关联产业及其间接关联产业构成了环保产业产业链乃至产业网络。再次，环保产业的后向关联作用明显强于前向作用。最后，环保产业存在较为紧密的内部联系，即环保企业之间由于产业分工而存在较明显的技术经济联系。因此，应当充分利用环保产业对产业链上下游产业的前向与后向联系，通过产业关联实现环保产业对关联产业的推动与带动作用。

第7章　环保投资的微观经济效应[①]

7.1　环保投资与环保企业发展现状

随着我国对环境保护投入的逐步加大，政府扶持环保产业的经济手段多元化，环保产业正逐步成为国民经济新的增长亮点。1998年2月25日，桑德环境（000826）成为第一家环保类上市公司。自此，随着中国资本市场的日趋完善，环保产业中一些业绩较好的企业纷纷进入资本市场，通过股权融资扩大企业资金来源，降低融资约束。目前上市公司涉足环保产业的方式主要有如下几种：一是公司主营环保业务，此类上市公司有环保股份、清华紫光、凯迪电力、武汉控股等。二是通过募集资金和出资参股、控股环保类公司而涉足环保行业，主要包括精密股份、渝开发、岁宝热电、沈阳机床、厦门建发、皖维高新和飞彩股份等公司。三是通过募集资金投向环保项目，西藏金珠、永安林业、燃气股份、苏威孚、皖维高新等上市公司皆属此类。四是其他行业为贯彻可持续发展战略对其业务进行环保规划而涉足环保产业，此类上市公司有民族化工、鲁北化工、首钢股份、韶钢松山、美利纸业、大理造纸、福建三农等。

根据环保类上市公司2011年的数据分析，环保产业类上市公司整体素质较高主要表现在：第一，整体业绩优良。环保产业及涉足环保业务的上市公司中没有利润亏损的情况，该板块上市公司平均每股收益0.34元，是深、沪两市上市公司平均水平的1.7倍。第二，高成长性环保类上市公司及涉足环保业务的上市公司净利润的平均增长速度达到了20.77，而深、沪两市上市公司净利润平均增长仅为17.28。第三，高含金量环保类上市公司及涉足环保业务的上市公司平均每股净资产2.571元，比深、沪两市的平均水平高出3.54。第四，高获利能力环保类上市公司净资产收益率平均达12.44，只有6家上市公司净资产收益率低于深、沪两市的平均水平。第五，股本扩张快环保类上市公司股本的平均扩张速度达到37.04，均低于两市平均水平仍具有较强的股本扩张能力。正是由于环保产业具有业绩优良、含金量高、高成长性、获利能力强和股本扩张快等特征，在证券市场已逐渐受到投资者的欢迎，尤其是受到中长线投资者、机构投资者的追捧，并为广大投资者带来了显著的收益。作为环保高科技产业或用环保高科技改造的传统产业，其发展潜力在证券市场上目前尚未完全被认识，这为今后的股价上扬提供了充足的想象空间。

环保上市公司业务分类行业分布十分广泛，涉及冶金、化工、造纸、机械制造、能源电力、汽车制造等诸多行业。以2003年以前上市的52家环保类上市公司为例（上市公司列表

[①] 本章内容已发表于"杜雯翠，2013. 要"温饱"还是要"环投"？——污染排放与劳动者收入的双向关系研究. 当代经济科学，（3）."

见表 7-1）。表 7-2 为 2003—2010 年，这 52 家环保类上市公司的营业收入、总利润、净利润与总资产变动情况。由表 7-2 可知，2003 年这 52 家环保类上市公司的营业收入总额为 565.03 亿元，2010 年增加至 2 754.10 亿元，年均增长率率为 26.09%；2003 年净利润总额为 82.84 亿元，2010 年增加至 321.97 亿元，年均增长率为 25.92%；2003 年资产总额为 1 703.30 亿元，2010 年增加至 7 448.00 亿元，年均增长率为 24.01%。不论是营业收入、净利润，还是总资产，其增长速度均高于同期国民生产总值的增长速度，反映出环保类上市公司的快速成长。

表 7-1 环保类上市公司列表

证券代码	证券简称	入选原因	证券代码	证券简称	入选原因
000012	南玻A	太阳能	600236	桂冠电力	水力发电
000027	深能源A	垃圾发电	600261	浙江阳光	节能灯
000055	方大A	节能建材	600268	国电南自	节能设备
000541	佛山照明	节能灯	600290	华仪电气	风力发电
000544	中原环保	污水处理	600309	烟台万华	节能材料
000581	威孚高科	环保设备	600323	南海发展	污水处理
000617	石油济柴	废气利用	600388	龙净环保	电力环保
000652	泰达股份	垃圾发电	600396	金山股份	风力发电
000695	滨海能源	环保能源	600406	国电南瑞	节能设备
000720	鲁能泰山	风力发电	600459	贵研铂业	清洁产品
000826	合加资源	污水、垃圾处理	600475	华光股份	节能设备
000939	凯迪电力	电力环保	600481	双良股份	节能设备
000969	安泰科技	太阳能材料	600517	置信电气	节能设备
600008	首创股份	污水处理	600526	菲达环保	电力环保
600063	皖维高新	清洁产品	600590	泰豪科技	节能建筑
600089	特变电工	太阳能	600636	三爱富	减排
600100	同方股份	电力环保	600644	乐山电力	太阳能
600112	长征电气	风力发电	600649	原水股份	污水处理
600131	岷江水电	水电	600674	川投能源	太阳能
600151	航天机电	太阳能	600726	华电能源	垃圾发电
600160	巨化股份	减排	600795	国电电力	电力环保
600168	武汉控股	水务环保	600797	浙大网新	电力环保
600184	新华光	太阳能	600864	岁宝热电	垃圾发电
600192	长城电工	水电、风力发电	600868	梅雁水电	水电
600206	有研硅股	太阳能	600875	东方电机	风力发电
600220	江苏阳光	太阳能	600900	长江电力	水电

表 7-2 2003—2010 年环保上市公司发展状况

年份	营业收入/亿元	净利润/亿元	总资产/亿元
2003	565.03	82.84	1 703.30
2004	786.54（39.20%）	110.20（33.03%）	2 123.80（24.69%）
2005	978.20（24.37%）	117.62（6.73%）	2 458.30（15.75%）
2006	1 170.50（19.66%）	135.82（15.47%）	2 698.50（9.77%）
2007	1 676.70（43.25%）	221.02（62.73%）	3 904.30（44.68%）
2008	1 848.70（10.26%）	145.63（−34.11%）	4 521.90（15.82%）
2009	2 000.90（8.23%）	208.49（43.16%）	6 241.70（38.03%）
2010	2 754.10（37.64%）	321.97（54.43%）	7 448.00（19.33%）

注：括号中的数字为增长率。

7.2 微观经济效应的作用机理

环境保护对环保企业发展的推动作用主要体现在如下几个方面：第一，随着环境规制的不断加强，对企业清洁生产的要求越来越高，各种环保标准不断提高，这些标准和规制要求排污企业加大环保投资，有效引导了排污企业对污染防治产品和服务的需求，加大了排污企业的环保投资，进而促进了环保企业的发展。同时，由于"三同时"制度的限制，企业在新建、改建、扩建各种项目时，必须同时设计、施工、投入生产和使用相应的环保投资项目，这就使企业对环保产品产生了刚性需求。第二，目前，各级政府纷纷加大了环保投资力度，这些投资用于环境基础设施建设和工业污染源治理，直接派生了对环保产品和服务的需求，拉动了环保企业发展。第三，除直接派生环保需求外，环保投资的另一个作用在于提高环境技术（Lin *et al.*，2012；张平淡等，2012c），而环境技术的提高则进一步促进了环保企业的发展。综上所述，环保投资主要通过派生环保需求和提高环境技术两个途径促进环保企业发展，前者称为环保投资的"需求效应"，后者称为环保投资的"技术效应"，两个效应共同作用，大大推进了环保企业的迅速发展。

7.2.1 环保投资对环保企业的"技术效应"

环保投资不仅通过普通投资作用促进经济增长，还会对生产技术产生溢出效应，升级生产技术，降低单位产出的污染排放强度。Lin *et al.*（2012）基于内生增长模型，将环境质量纳入效用函数，将污染排放强度纳入生产函数，同时利用环保投资将污染排放强度内生化，证明了环保投资的溢出效应，即环保投资不仅能够通过普通投资的作用途径促进经济增长，还能促使生产技术环保化，提高环保技术水平，进而在既定环保规制下，实现经济可持续增长。张平淡等（2012b）基于 2005—2009 年我国各地区环保投资和三种专利受理量的数据，证实了环保投资对企业技术进步具有明显的溢出效应。通过这种技术溢出效应，政府为主导的环保投资能够推动企业生产工艺的改进，在生产全过程中降低污染排放强度，实现源头治理。可见，环保投资能有效提升生产技术水平，改进环境技术。

环境技术在环保企业发展中扮演着重要角色，在环保企业的形成、发展和演变中发挥着重要作用，极大地推进着环保企业发展。环保部部长周生贤在第二次全国环保科技大会上强调："要通过科技手段创新环境管理理念，积极开展环保技术引进、研发和推广，努力抢占环境技术制高点。"可见，环保企业要以环境技术为基础（蒋洪强和张静，2012）。同时，环境技术不断推动环保企业的又快又好发展。将环保投资因技术溢出效应而对环保企业的促进作用视为技术效应，得出"技术效应"假说。

假说 7-1（技术效应）：环保投资的增加有利于环境技术的改进，进而促进环保企业发展。

7.2.2 环保投资对环保企业的"需求效应"

我国环境问题的严峻性决定了环保产业具有巨大的潜在市场。当前，环保形势严峻，污染治理任务艰巨。我国的基本国情决定了工业化和城镇化进程中面临的环境压力比世界上任何国家都大，也就意味着我国环保产业市场规模和前景将是巨大的。环保产业市场容量是由环保投资总量决定的（安树民等，2001），因此，环保投资为环保企业的发展提供了广阔的市场空间。正如李克强在第七次全国环保大会上明确提出的："要把扩大内需与发展节能环保产业结合起来……大规模推进能源资源节约和环境污染治理，需要大量的资金投入，但这种投入可以对技术、装备、服务等创造巨大的市场需求，催生规模可观的新兴产业。"近年来，环保投资从 2003 年的 1 544.1 亿元猛增至 2010 年的 6 654.2 亿元，同时，环保产业总产值也从 2003 年的 1 347.41 亿元上升至 2010 年的 1.1 万亿元。2003—2010 年环保投资与环保产业发展趋势如图 7-1 所示。

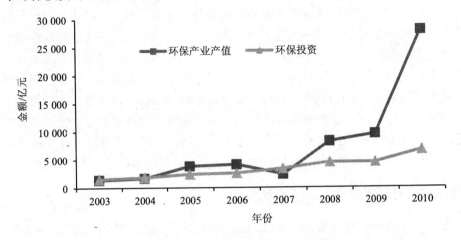

图 7-1　2003—2010 年我国环保投资与环保产业产值变动趋势

　　由图 7-1 可知，环保投资与环保产业的数量变动趋势是一致的。从微观角度看，环保产业的发展主要体现为环保企业营业收入的增加。因此，不论是以政府为主导的环境基础设施建设投资，还是以企业为主导的工业污染源治理投资和建设项目"三同时"项目投资，这些投资都将构成环保产品和服务的需求，促进环保企业发展。持续而有效的环保投资是保证清洁生产的重要因素，是促进环保企业发展的关键所在，更是推进环保产业化走向产业环保化的动力来源。将环保投资因派生环保产品和环保服务需求而对环保企业的促进作用视为需求效应，得出"需求效应"假说。

　　假说 7-2（需求效应）：环保投资的增加有利于增加环保产品与服务需求，进而促进环保企业发展。

　　环保投资对环保企业的作用机理如图 7-2 所示：

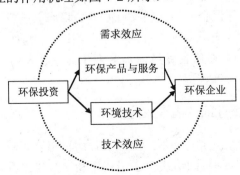

图 7-2　环保投资对环保企业的"微观效应"

7.3　微观经济效应的效果检验

（1）研究设计

为了检验需求效应假说和技术效应假说，基于 Baron 和 Kenny（1986）的模型原理，构建环境技术在环保投资对环保企业发展影响中的中介效应模型。具体步骤如下：

首先，构造环保投资对环保企业发展的影响模型，以验证需求效应假说：

$$\text{Income}_{it} = \alpha_0 + \alpha_1 \text{Invest}_{it} + \alpha_2 \text{Law}_{it} + \alpha_3 \text{Excu}_{it} + \alpha_4 \text{Size}_{it} + \alpha_5 \text{Lev}_{it} + \alpha_6 \text{Growth}_{it} + \varepsilon_1 \quad （7\text{-}1）$$

式中，因变量为环保企业发展（Income），用环保类上市公司的营业收入表示。自变量为环保投资（Invest），用上市公司所在地区当年的环保投资总额（Invest_all）、政府环保投资（Invest_zf）和企业环保投资（Invest_qy）表示。基于以往研究结论，控制如下可能影响环保产业发展的变量：环境立法（Law），用上市公司所在地区当年的政协关于环境建议的提案数表示；环境执法（Excu），用上市公司所在地区当年的环境执法人员数表示；企业规模（Size），用环保类上市公司年初总资产的自然对数表示；负债比率（Lev），用环保类上市公司总负债占总资产的比例表示；成长能力（Growth），用环保类上市公司的总资产增长率表示。预期 $\alpha_1 > 0$，即环保投资与环保产业发展正相关，环保投资有利于环保产业发展。

其次，构建环保投资对中介变量（环境技术）的影响模型：

$$\text{Tech}_{it} = \beta_0 + \beta_1 \text{Invest}_{it} + \beta_2 \text{Law}_{it} + \beta_3 \text{Excu}_{it} + \beta_4 \text{GDP}_{it} + \varepsilon_2 \quad （7\text{-}2）$$

式中，因变量为环境技术（*Tech*），用上市公司所在地区当年的环境科研课题数表示。自变量为环保投资（Invest），控制变量包括环境立法（Law）、环境执法（Excu）和经济增长（GDP），变量定义同式（7-1）。

最后，在式（7-1）的基础上加入中介变量（环境技术），检验环境技术的中介作用程度（完全中介、部分中介或者无中介效应），以验证技术效应假说：

$$\text{Income}_{it} = \gamma_0 + \gamma_1 \text{Invest}_{it} + \gamma_2 \text{Tech}_{it} + \gamma_3 \text{Law}_{it} + \gamma_4 \text{Excu}_{it} + \gamma_5 \text{Size}_{it} + \gamma_6 \text{Lev}_{it} + \gamma_7 \text{Growth}_{it} + \varepsilon_3$$

$$（7\text{-}3）$$

根据 Baron 和 Kenny（1986）模型原理，若 $\gamma_1 < \alpha_1$ 在统计上显著，同时 $\gamma_2 > 0$ 在统计上显著，则环境技术在环保投资对环保企业发展的影响中起到了部分中介的作用；若 $\gamma_1 > 0$ 在统计上不显著，同时 $\gamma_2 > 0$ 在统计上显著，则环境技术起到完全中介的作用；若 $\gamma_2 > 0$ 在统计上不显著，则环境技术无中介作用。

为获得平衡的（balanced）面板数据，选取 2003 年以前上市的 52 家环保类上市公司作为研究对象，以 2003—2010 年 52 家环保类上市公司 8 年 416 个观测值作为研究样本。2003—2010 年 52 家环保类上市公司的营业收入总额占环保产业总产值的平均比例为 33.54%，因此，52 家环保类上市公司的营业规模较大，其行为基本能够反映环保产业发展趋势。另外，这 52 家环保类上市公司的环保技术应该也是最先进的，这些原因使得这 52 家上市公司更具代表性。

环保企业发展（Income）、企业规模（Size）、负债比率（Lev）和成长能力（Growth）等微观数据来自环保类上市公司，数据来自国泰安数据库（CSMAR），已对数据进行抽样比对，以保证数据的准确性。环保投资总额（Invest_all）、环境技术（Tech）、环境立法（Law）、环境执法（Excu）来自《中国环境统计年鉴》，经济增长（GDP）来自《中国统计年鉴》。借鉴张平淡等（2012a）的做法，按照环保投资的资金来源，将环保投资划分为政府为主导的环保投资（Invest_zf）和企业为主导的环保投资（Invest_qy）。然后按照环保类上市公司所在地区，为每个上市公司的宏观数据赋值。为避免异方差问题，上述宏观变量均采用自然对数的形式。

（2）描述性统计

表 7-3 为主要变量的描述性统计。由表 7-1 可知，各地区环保投资总额（Invest_all）存在很大差异，政府环保投资（Invest_zf）的均值高于企业环保投资（Invest_qy）的均值，表明过去几年政府在环保投资中扮演着主导作用。从环保产业发展看，53 家环保类上市公司的平均规模为 21.913，负债比率为 0.516，总资产增长率为 0.193。

表 7-3 主要变量的描述性统计

变量	样本量	均值	标准差	最小值	最大值
环保企业发展（Income）	416	21.046	1.174	17.083	24.431
环保投资总额（Invest_all）	416	4.764	0.877	−0.105	7.256
政府环保投资（Invest_zf）	416	4.250	0.876	1.472	7.141
企业环保投资（Invest_qy）	416	3.714	0.881	1.008	6.082
环境技术（Tech）	416	4.580	1.008	0	6.781
环境立法（Law）	416	5.396	0.943	1.386	6.735
环境执法（Excu）	416	8.596	0.627	7.354	9.693
经济增长（GDP）	416	9.337	0.742	7.244	10.737
企业规模（Size）	416	21.913	1.134	19.688	25.810
负债比率（Lev）	416	0.516	0.167	0.061	0.957
成长能力（Growth）	416	0.193	0.310	−0.466	2.913

（3）相关性检验

表 7-4 列示了各变量之间的 Pearson 相关系数。由表 7-4 可知，环保企业发展（Income）与环保投资总额（Invest_all）、环境技术（Tech）、企业规模（Size）和负债比率（Lev）等变量均显著正相关，与环境立法（Law）和环境执法（Excu）的相关性不大。环境技术（Tech）与环境执法（Excu）的正相关性十分显著，与环境执法（Excu）的相关系数并不显著。

表 7-4 Pearson 相关性检验

	环保企业发展（Income）	环保投资总额（Invest_all）	环境技术（Tech）	环境立法（Law）	环境执法（Excu）	企业规模（Size）	负债比率（Lev）	成长能力（Growth）
环保企业发展（Income）	1.000							
环保投资总额（Invest_all）	0.297***	1.000						
环境技术（Tech）	0.120**	0.441***	1.000					

	环保企业发展（Income）	环保投资总额（Invest_all）	环境技术（Tech）	环境立法（Law）	环境执法（Excu）	企业规模（Size）	负债比率（Lev）	成长能力（Growth）
环境立法（Law）	0.069	0.286***	0.138***	1.000				
环境执法（Excu）	−0.006	0.471***	0.082	0.635***	1.000			
企业规模（Size）	0.830***	0.229***	0.110**	−0.046	−0.050	1.000		
负债比率（Lev）	0.324***	0.028	−0.076	0.130***	0.102**	0.277***	1.000	
成长能力（Growth）	0.024	−0.046	0.002	0.009	−0.035	0.094*	0.113**	1.000

注：***、**、*分别代表相关系数在 0.01、0.05、0.1 的水平上显著。

（4）回归结果

基于中介效应模型，首先不考虑环境技术对环保企业发展的影响，检验环保投资与环保企业发展的关系，见方程（1）。然后检验环境技术对环保企业发展的影响，见方程（2）。最后，检验环保投资是否直接或间接通过影响环境技术，从而影响环保企业发展，见方程（3），采用固定效应模型，检验结果见表 7-5。

表 7-5　环保投资总额、环境技术与环保企业发展

变量	方程（1）因变量：环保企业发展	方程（2）因变量：环境技术	方程（3）因变量：环保企业发展
环保投资总额（Invest_all）	0.157*** (3.46)	0.227** (2.51)	0.194*** (3.38)
环境技术（Tech）			−0.024 (−0.06)
环境立法（Law）	0.180*** (4.23)	0.050 (0.78)	0.185*** (3.67)
环境执法（Excu）	−0.251*** (−3.63)	−0.708*** (−6.53)	−0.276*** (−3.34)
经济增长（GDP）		0.975*** (7.87)	
企业规模（Size）	0.789*** (26.01)		0.795*** (23.58)
负债比率（Lev）	0.664*** (3.34)		0.672*** (3.13)
成长能力（Growth）	−0.233** (−1.96)		−0.237* (−1.74)
Adj-R^2	0.675	0.277	0.716
样本量	416	416	416

注：***、**、*分别表示在 10%、5%、1%水平下显著，括号内的数字代表 T 值。

由表 7-5 可知，在方程（1）中，环保投资总额（Invest_all）的系数在 0.01 的水平上显著为正，说明环保投资越多，环保产品和服务的需求越大，环保企业发展越好，"需求效应"假说得到证实。另外，环境立法（Law）的估计系数显著为正，表明环境立法程度越完善，环保企业发展越好。环境执法（Excu）的估计系数显著为负，这与李树等（2011）

的结论有所不同。为保证结论的稳健性，用环保机构数和环境相关的行政处罚案件数代替环境政协提案数，结论并无太大差异。另外，企业规模（Size）的估计系数显著为正，表明环保类上市公司的企业规模越大，营业收入越多，符合企业理论的普遍研究结论。负债比率（Lev）的估计系数显著为正，成长能力（Growth）的估计系数显著为负。在方程（2）中，环保投资总额（Invest_all）的估计系数显著为正，说明环保投资的增加能够促使环保技术升级，结论与 Lin *et al.*（2012）和张平淡等（2012b）的结论是一致的。在方程（3）中，环保投资总额（Invest_all）的系数显著为正，而环境技术（Tech）的系数则不显著，这表明环境技术（Tech）在环保投资与环保企业发展之间不存在中介作用，"技术效应"假说没有得到证实。

由于环保投资来源于政府投资和企业投资两个部分，为了进一步比较两类投资对环保企业发展的作用效果，借鉴张平淡等（2012a）对环保投资数据的处理方法，表 7-6 检验了政府环保投资、环境技术与环保企业发展之间的关系。

表 7-6　政府环保投资、环境技术与环保企业发展

变量	方程（1） 因变量：环保企业发展	方程（2） 因变量：环境技术	方程（3） 因变量：环保企业发展
政府环保投资（Invest_zf）	0.158*** （3.60）	0.338*** （3.38）	0.244*** （4.07）
环境技术（Tech）			−0.048 （−1.19）
环境立法（Law）	0.183*** （4.31）	0.064 （1.00）	0.190*** （3.79）
环境执法（Excu）	−0.249*** （−3.64）	−0.677*** （−6.26）	−0.294*** （−3.60）
经济增长（GDP）		0.838*** （6.12）	
企业规模（Size）	0.781*** （25.46）		0.783*** （23.19）
负债比率（Lev）	0.662*** （3.34）		0.643*** （3.03）
成长能力（Growth）	−0.229* （−1.93）		−0.225* （−1.67）
Adj-R^2	0.724	0.308	0.717
样本量	416	416	416

注：***、**、*分别表示在10%、5%、1%水平下显著，括号内的数字代表 *T* 值。

由表 7-6 可知，在方程（1）中，政府环保投资（Invest_zf）的系数在 0.01 的水平上显著为正，说明政府环保投资越多，对环保产品与环保服务的派生需求越多，环保企业发展越好，再次证明了环保投资的"需求效应"。在方程（2）中，政府环保投资（Invest_zf）的估计系数显著为正，说明政府环保投资的增加能够促使环保技术升级。在方程（3）中，政府环保投资（Invest_zf）的系数显著为正，而环境技术（Tech）的系数仍然不显著，这表明环境技术（Tech）在政府环保投资与环保企业发展之间的中介作用也不存在，"技术

效应"假说没有得到证实。

表 7-7 检验了企业环保投资、环境技术与环保企业发展之间的关系。

表 7-7　企业环保投资、环境技术与环保企业发展

变量	方程（1） 因变量：环保企业发展	方程（2） 因变量：环境技术	方程（3） 因变量：环保企业发展
企业环保投资（Invest_qy）	0.177*** (4.12)	−0.043 (−0.60)	0.180*** (3.81)
环境技术（Tech）			−0.005 (−0.13)
环境立法（Law）	0.183*** (4.35)	0.030 (0.46)	0.196*** (3.89)
环境执法（Excu）	−0.248*** (−3.70)	−0.711*** (−6.50)	−0.264*** (−3.30)
经济增长（GDP）		1.238*** (11.49)	
企业规模（Size）	0.809*** (27.34)		0.812*** (24.26)
负债比率（Lev）	0.607*** (3.11)		0.660*** (3.09)
成长能力（Growth）	−0.259** (−2.19)		−0.249* (−1.84)
Adj-R^2	0.731	0.264	0.721
样本量	416	416	416

注：***、**、*分别表示在10%、5%、1%水平下显著，括号内的数字代表 T 值。

由表 7-7 可知，在方程（1）中，企业环保投资（Invest_qy）的系数在 0.01 的水平上显著为正，说明企业环保投资越多，对环保产品与环保服务的派生需求越多，环保企业发展越好，证明环保投资的"需求效应"。在方程（2）中，企业环保投资（Invest_qy）的估计系数为负，并不显著，说明企业环保投资的增加无法促使环保技术升级，这与表 7-3 中关于政府环保投资的回归结果是不同的。在方程（3）中，企业环保投资（Invest_qy）的系数显著为正，而环境技术（Tech）的系数仍然不显著，这表明环境技术（Tech）在企业环保投资与环保企业发展之间的中介作用不存在，"技术效应"假说没有得到证实。

考虑到环境技术对环保企业发展的作用可能存在滞后效应，分别使用环境技术的滞后一期项（Tech_1）、滞后二期项（Tech_2）和滞后三期项（Tech_3）重新对方程（1）、方程（2）、方程（3）进行回归，结果见表 7-8。由表 7-8 可知，当环境技术滞后一期时，方程（3）中环境技术滞后一期项（Tech_1）的估计系数仍然为负，且不显著，与表 7-5 相同。当环境技术滞后二期和滞后三期时，方程（3）中环境技术（Tech）的估计系数尽管仍不显著，但已由负数变为正数。这表明环境技术对环保企业的中介作用有一定的时滞，需要经过长期作用，才能实现环保投资的"技术效应"。不过，由于时间序列有限，我们暂时无法确定环境技术在滞后几年后才起作用。另外，上述检验用环境课题数代表环境技术，但环境课题数要经过一系列市场转化才能为企业所用，提升企业环境技术。因此，使用环保类上市公司所在地区当年的技术市场成交额表征环境技术，重复上述检验，结果是一致的。

7.4　如何通过环保投资促进环保企业发展

　　环境保护是实现可持续发展的关键要素，环保产业是助推环境保护事业加速发展的主要动力，而环保投资则是促进环保产业发展的主要推手。环保产业市场容量由环保投资总量决定，在适当的环保投资规模与合理的环保投资结构下，环保投资能够为环保产业的发展提供更加广阔的市场空间。因此，梳理环保投资对环保产业发展的作用对确定环保投资总额和结构，推进环保产业发展都有着极其深远的理论价值和现实意义。本章用环保类上市公司的微观数据反映环保产业发展，将环保投资对环保产业的作用机理归纳为"技术效应"和"需求效应"两个途径。环保投资不仅能够通过对环境技术的提升，加速环保产业发展；还能直接派生出对环保产品和环保服务的需求，促进环保产业发展。

　　本章利用 2003—2010 年环保类上市公司的微观数据，通过中介效应模型，检验了环保投资对环保产业发展的作用。研究发现，目前环保投资主要通过需求效应促进环保产业发展，技术效应仍未显现。环保产业的兴起得益于环境规制的扶持和环保投资的增加，各种环境标准的不断提高迫使排污企业增加环保投资，购买相应的环保产品和服务，加之政府对环境基本设施建设投资的大力推进，共同带动了环保产业发展。需求效应的检验结果表明，目前我国环保投资能够有效派生环保需求，推动环保产业发展。而环保产业的持续发展还要依靠产业自身竞争力的提高，即环境技术的提高。技术效应的检验结果表明，迄今为止，环保投资还没有通过环境技术升级促进环保产业发展。因此，我们一方面应该充分肯定环保投资在环保产业发展初期起到的推动作用，另一方面应该积极调整环保投资结构，促进环保投资"技术效应"的有效发挥，实现环保产业的持续发展。

表 7-8　稳健性检验

变量	滞后一期			滞后二期			滞后三期		
	方程（1）	方程（2）	方程（3）	方程（1）	方程（2）	方程（3）	方程（1）	方程（2）	方程（3）
环保投资总额（Invest_all）	0.157*** (3.46)	0.350*** (3.90)	0.182*** (3.05)	0.157*** (3.46)	0.116 (1.26)	0.109* (1.91)	0.157*** (3.46)	0.242** (2.25)	0.120* (1.85)
环境技术（Tech）			−0.032 (−0.78)			0.017 (0.43)			0.027 (0.61)
环境立法（Law）	0.180*** (4.23)	0.148** (2.29)	0.190*** (3.81)	0.180*** (4.23)	0.118* (1.75)	0.173*** (3.53)	0.180*** (4.23)	0.168** (2.46)	0.155*** (3.12)
环境执法（Excu）	−0.251*** (−3.63)	−0.858*** (−7.59)	−0.303*** (−3.54)	−0.251*** (−3.63)	−0.943*** (−7.82)	−0.285*** (−3.31)	−0.251*** (−3.63)	−1.104*** (−8.48)	−0.278*** (−2.94)
经济增长（GDP）		0.844*** (6.69)			1.063*** (7.61)			0.937*** (5.91)	
企业规模（Size）	0.789*** (26.01)		0.786*** (22.86)	0.789*** (26.01)		0.782*** (22.10)	0.789*** (26.01)		0.779*** (20.06)
负债比率（Lev）	0.664*** (3.34)		0.717*** (3.13)	0.664*** (3.34)		0.577** (2.35)	0.664*** (3.34)		0.555** (2.05)
成长能力（Growth）	−0.233** (−1.96)		−0.310** (−2.07)	−0.233** (−1.96)		−0.285 (−1.60)	−0.233** (−1.96)		−0.446** (−2.29)
N	416	364	364	416	312	312	416	260	260
Adj-R^2	0.731	0.286	0.711	0.731	0.252	0.705	0.731	0.296	0.701

注：***、**、*分别表示在 0.01、0.05、0.1 水平下显著，括号内的数字代表 T 值。

第8章　环保投资的区域异质分析

8.1　金融发展与环保投资来源

近些年来，环保投资逐年递增，投资比重连续攀升，带来了污染排放的降低（张平淡等，2012b）、环境技术的改进（Lin *et al.*，2012；张平淡等，2012c）、企业竞争优势的提高（Esty 和 Porter，1998；Berman 和 Bui，2001；Tamazian *et al.*，2009）和经济总量的增长（蒋洪强，2004；蒋洪强等，2005；高广阔和陈珏，2008；邵海清，2010）。可见，环保投资是降低污染排放、提高企业竞争优势、促进经济增长的有效途径，增加环保投资也是发挥上述"三重红利"的明智之举。不过，尽管我国环保投资力度不断加强，与日益严重的环境问题相比，现有环保投资水平还存在严重不足问题（鲁焕生和高红贵，2004）。据世界银行测算，我国"九五"期间环保资金计划数额为 4 500 亿元，实际投入 3 600 亿元，缺口 900 亿元。"十五"期间仅水污染治理资金缺口达 400 亿元。"十一五"期间全国环保投资在 13 000 亿元左右，但扣除中央和各级政府的预计投资，约一半的环保投资需求存在缺口。[①] 若不创新现有的投资机制，未来的需求缺口会更大（鲁焕生和高红贵，2004）。我国环保投资之所以会出现如此大的缺口，与金融市场的发展和环保投资主体单一有着很大关系。长期以来，政府一直扮演着我国环保投资的主体角色，承担了环境保护的大部分责任（鲁焕生，2005；黄志刚，2008a）。但随着经济体制改革的不断深入和环境污染问题的逐渐恶化，单纯依靠政府资金已经无法解决日益突出的环保投资供求矛盾，如何实现环保投资主体多元化，极大地促进政府环保投资和企业环保投资是破解环保投资瓶颈的关键所在。

然而，在我国这样一个"新兴加转轨"的经济体制下，各地区间金融发展水平存在显著差异，金融发展水平的参差不齐直接导致环保投资面临严重的融资约束。一方面，某些地区金融市场发展的滞后拉低了经济增长速度，同时使地方财政支出变得十分有限，在保证经济增长的任务前，环境保护投资往往被搁浅。而金融发展水平较高的地区，地方财政相对富裕的情况下，政府越有可能着眼于可持续发展，增加政府环保投资。另一方面，地区金融发展水平的高低还影响着当地企业的融资状况，当企业面临严重的融资约束时，生产性投资尚且缺乏，就更不用提环保投资了。因此，地区金融发展水平的高低将直接影响政府环保投资和企业环保投资的总量和结构。然而，现有研究主要关注经济增长对环保投资的促进作用。胡海青等（2008）使用 Granger 因果关系检验法检验我国 1981—2005 年环保投资增量与 GDP 增量的因果性，发现 GDP 增量的变化是引起环保投资增量变化的原因。

---

① 资料来源：《第一财经日报》，2005 年 3 月 30 日。

王金南等（2009）认为环保投资缺乏固定的来源渠道，也没有建立与 GDP、固定资产投资和财政收入等稳定的、有约束的联动机制，环保投资受经济发展等外部制约性较大。还有一部分研究关注了环保投资来源和环保投融资机制，不过这类研究多为政策研究（谭立，2002；鲁焕生和高红贵，2004；黄志刚，2008a）和经验介绍（黄志刚，2008b；曲国明和王巧霞，2010），缺乏经验支持。本章通过两阶段 GMM 估计方法，检验 2003—2010 年我国 30 个地区金融发展对环保投资总额和环保投资结构的作用与影响，为环保投融资来源提供经验证据。

8.2 环保投资的区域配置现状

我国地区经济发展十分不平衡，当西部地区经济发展水平远远落后于东部地区时，还要面临东部地区在发展之初忽视掉的资源环境约束问题，产业梯度转移又加重了中西部地区的环境负担，进一步扩大了东中西部地区在环境质量和环保投资方面的差距。因此，这些地区在环保投资总量和结构方面也存在一定差异，表 8-1 比较了 2001—2010 年我国东、中、西部地区的环保投资。其中，东部地区有 11 个省级行政区，分别是北京、天津、河北、辽宁、上海、江苏、浙江、福建、山东、广东、海南；中部地区有 8 个省级行政区，分别是山西、吉林、黑龙江、安徽、江西、河南、湖北、湖南；西部地区有 12 个省级行政区，分别是四川、重庆、贵州、云南、西藏、陕西、甘肃、青海、宁夏、新疆、广西、内蒙古。

表 8-1　2001—2010 年中国东、中、西部地区的环保投资　　　　　单位：亿元

年份	东部地区（11 个省级行政区）		中部地区（8 个省级行政区）		西部地区（12 个省级行政区）	
	环保投资总额	环保投资均值	环保投资总额	环保投资均值	环保投资总额	环保投资均值
2001	104	9	43	5	28	2
2002	106	10	53	7	30	3
2003	141	13	43	5	37	3
2004	175	16	71	9	62	6
2005	292	27	91	11	76	7
2006	268	24	116	14	100	8
2007	288	26	150	19	115	10
2008	271	25	144	18	128	11
2009	195	18	128	16	119	11
2010	177	16	106	13	115	10

注：由于各地区环保投资总额的统计自 2003 年开始，本表使用工业污染源治理投资代表环保投资。

由表 8-1 可知，东、中、西部地区工业污染源治理投资存在较大差异，不论是从投资总额，还是从投资均值看，工业污染源治理投资按照由高到低的顺序均依次为：东部地区、中部地区、西部地区。以 2010 年为例，东部地区工业污染源治理投资平均为 16 亿元，中部地区工业污染源治理投资平均为 13 亿元，西部地区工业污染源治理投资平均为 10 亿元。

出现这种状况的原因可能有两点：第一，东部地区经济发展水平较高，财政支出也高些，用于环保事业的环保投资数额也相对高些；第二，东部地区工业化水平较高，与西部欠发达地区相比，已经或多或少经历了工业化带来的环境污染，因而环保意识更强烈；第三，杜雯翠（2013a）研究发现，劳动者在污染与收入之间做出权衡，当经济发展水平较低时，可能会用环保换温饱，对污染的容忍程度提高。基于此，西部地区的环保投资力度可能相对低些。

图 8-1 描绘了 2001—2010 年东、中、西部地区环保投资均值变动情况。

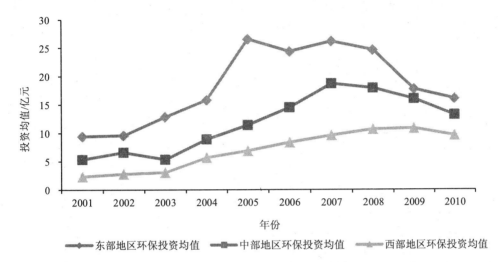

图 8-1　2001—2010 年东、中、西部地区环保投资均值比较

由图 8-1 可知，分别看东、中、西部地区环保投资均值变动，各地区环保投资在 10 年内均稳步上升，与东部和中部地区相比，西部地区不仅环保投资均值较低，环保投资增长速度也是最为缓慢的。

在东、中、西部地区内部，不同地区环保投资也存在一定差异。表 8-2 比较了 2003—2010 年不同地区的环保投资总额。由表 8-2 可知，从 2003—2010 年环保投资平均额看，平均投资总额超过 100 亿元的地区包括广东、山东、江苏、浙江、河北、辽宁、北京、上海和内蒙古等 9 个地区，这些地区大多经济发展水平较高，环境规章制度完善，这反映出地区环保投资总额的多少一方面反映出地方财政支出实力，另一方面则反映出地方的环境保护意识。平均投资总额低于 50 亿元的地区包括西藏、青海、海南、贵州、宁夏、甘肃、云南和新疆等 8 个地区，这些地区要么环境本底较高，无需过多的环保投资，要么经济发展水平较低，没有能力在环境保护方面投入更多。

表 8-2　2003—2010 年地区环保投资比较　　　　　　　　　　单位：亿元

地区	2003 年	2004 年	2005 年	2006 年	2007 年	2008 年	2009 年	2010 年	平均
北京	64.5	65.4	84.90	165.5	185.3	152.9	208.7	231.4	144.83
天津	51.5	42.7	71.4	40.8	59.8	68.1	103.7	109.7	68.46
河北	75.8	91.2	121.4	132.2	170.2	208.3	248.6	370.9	177.33
山西	32	45	48.5	63.2	97.0	140.9	157.8	206.9	98.91

地区	2003 年	2004 年	2005 年	2006 年	2007 年	2008 年	2009 年	2010 年	平均
内蒙古	28	44.3	68.0	104.8	90.5	135.0	155.2	238.9	108.09
辽宁	88	118.9	129.0	145.8	125.1	163.7	204.9	206.5	147.74
吉林	22.4	35.4	34.0	42.3	50.9	59.6	66.1	124.2	54.36
黑龙江	56.1	61.3	46.7	54.2	58.7	98.8	107.8	131.3	76.86
上海	79.4	70.3	88.1	94.3	123.0	153.5	160.1	134	112.84
江苏	179.4	205	294.3	282.7	318.2	395.9	369.9	466.4	313.98
浙江	139.3	158.3	160.3	140.3	177.4	519.7	198.0	333.7	228.38
安徽	28	41.3	49.3	52.0	82.4	139.0	139.2	179.9	88.89
福建	34.9	52.6	80.9	59.8	78.0	83.1	87.2	129.7	75.78
江西	21.6	29.6	37.1	37.5	45.5	39.2	70.4	156.5	54.68
山东	156.4	191.9	238.8	258.1	320.8	432.2	459.5	483.9	317.70
河南	48.1	61.1	82.4	95.1	114.4	109.9	121.3	132.2	95.56
湖北	31.8	44.8	62.0	67.7	64.3	90.1	150.6	146.8	82.26
湖南	25.6	29	37.7	54.0	64.6	91.4	146.4	106.6	69.41
广东	123.6	112.2	171.5	160.4	153.6	164.6	240.1	1 416.2	317.78
广西	27.5	32	41.4	41.2	65.5	93.0	132.3	164.1	74.63
海南	3.6	7.2	6.3	8.3	14.9	12.7	19.7	23.6	12.04
重庆	40.1	48.2	50.2	60.1	63.7	67.3	109.7	176.3	76.95
四川	59.7	74.7	78.3	71.1	102.2	100.7	103.5	89	84.90
贵州	10	15.4	14.1	19.8	22.4	23.2	21.2	30	19.51
云南	17.1	22.6	28.4	29.0	29.9	44.1	79.6	106.2	44.61
西藏	0.3	0.5	0.5	1.7	0.6	0.2	2.7	0.3	0.85
陕西	30.8	35.7	36.5	41.0	63.8	75.5	119.1	179.2	72.70
甘肃	13.3	16.5	20.4	27.8	38.1	31.2	44.4	63.9	31.95
青海	3.7	6.3	5.3	6.1	10.6	18.1	12.3	17	9.93
宁夏	16	18.1	12.1	21.3	33.4	30.9	28.7	34.5	24.38
新疆	35.6	37.8	33.5	23.3	35.2	47.7	78.2	78.4	46.21

表 8-3 比较了 2003—2010 年不同地区的环保投资占 GDP 的比重。由表 8-3 可知，从 2003—2010 年环保投资比重平均额看，平均比重最高的前五个地区分别为宁夏、山西、内蒙古、北京和重庆。其中，内蒙古和北京还是环保投资总额均值超过 100 亿元的地区。这说明内蒙古和北京不仅凭借其较高的经济发展水平，投入了相应较高的环保投资，还反映出这两个地区在环保投资方面的不遗余力。平均比重最低的前五个地区分别为西藏、河南、贵州、湖南和福建，这五个地区环保投资占 GDP 的比重平均值仅为 0.64%。

表 8-3　2003—2010 年地区环保投资比重比较 　　　　　　　　　　　单位：%

地区	2003 年	2004 年	2005 年	2006 年	2007 年	2008 年	2009 年	2010 年	平均
北京	1.76	1.38	1.23	2.10	1.98	1.46	1.72	1.68	1.66
天津	2.1	1.01	1.93	0.93	1.18	1.07	1.38	1.20	1.35
河北	1.07	1.30	1.20	1.13	1.24	1.29	1.44	1.84	1.31

地区	2003 年	2004 年	2005 年	2006 年	2007 年	2008 年	2009 年	2010 年	平均
山西	1.3	1.93	1.16	1.33	1.69	2.03	2.14	2.28	1.73
内蒙古	1.3	1.59	1.75	2.19	1.49	1.74	1.59	2.05	1.71
辽宁	1.47	1.20	1.61	1.58	1.14	1.22	1.35	1.13	1.34
吉林	0.89	0.93	0.94	0.99	0.96	0.93	0.91	1.45	1.00
黑龙江	1.27	1.19	0.85	0.88	0.83	1.19	1.26	1.28	1.09
上海	1.27	1.09	0.96	0.91	1.01	1.12	1.06	0.79	1.03
江苏	1.44	1.28	1.61	1.31	1.24	1.31	1.07	1.14	1.30
浙江	1.48	2.42	1.19	0.89	0.94	2.42	0.86	1.23	1.43
安徽	0.71	1.57	0.92	0.84	1.12	1.57	1.38	1.47	1.20
福建	0.67	0.77	1.23	0.79	0.84	0.77	0.71	0.90	0.83
江西	0.76	0.56	0.91	0.80	0.83	0.60	0.92	1.66	0.88
山东	1.26	1.40	1.29	1.17	1.24	1.39	1.36	1.23	1.29
河南	0.68	0.61	0.78	0.76	0.76	0.60	0.62	0.58	0.67
湖北	0.59	0.80	0.95	0.89	0.70	0.80	1.16	0.93	0.85
湖南	0.55	0.79	0.58	0.71	0.70	0.82	1.12	0.67	0.74
广东	0.91	0.45	0.77	0.61	0.49	0.46	0.61	3.11	0.93
广西	1.01	1.32	1.01	0.85	1.10	1.30	1.70	1.73	1.25
海南	0.54	0.84	0.70	0.79	1.22	0.87	1.19	1.15	0.91
重庆	1.78	1.16	1.64	1.72	1.55	1.32	1.68	2.23	1.64
四川	1.09	0.80	1.06	0.82	0.97	0.81	0.73	0.53	0.85
贵州	0.74	0.65	0.71	0.86	0.82	0.70	0.54	0.65	0.71
云南	0.7	0.77	0.82	0.72	0.63	0.77	1.29	1.47	0.90
西藏	0.17	0.05	0.19	0.59	0.15	0.05	0.61	0.06	0.23
陕西	1.29	1.03	0.99	0.91	1.17	1.10	1.46	1.79	1.22
甘肃	1.02	0.99	1.05	1.22	1.41	0.98	1.31	1.55	1.19
青海	0.95	1.78	0.97	0.94	1.35	1.88	1.13	1.26	1.28
宁夏	4.16	2.57	2.00	3.00	3.76	2.81	2.12	2.10	2.81
新疆	1.89	1.14	1.28	0.77	1.00	1.13	1.83	1.45	1.31

　　根据环境保护统计，2001—2005 年，工业污染源治理投资包括国家预算内资金、环保专项资金和其他资金三个部分，其中，其他资金包括企业自筹、国内贷款和利用外资三种。2006—2010 年，工业污染源治理投资来源的统计口径发生了调整，投资来源被划分为排污费补助、政府其他补助和企业自筹三个部分。具体地，排污费补助指的是从征收的排污费中提取的用于补助重点排污单位治理污染源以及环境污染综合性治理措施的资金。政府其他补助指的是用于补助重点排污单位治理污染源以及环境污染综合性治理措施的除排污费补助以外的政府其他补助资金。不论工业污染源治理投资的统计口径发生了怎样的变化，从投资主体角度看，工业污染源治理投资均可划分为以政府为主体的工业污染源治理投资和以企业为主体的工业污染源治理投资。根据工业污染源治理投资的主体来源，重新划分 2001—2010 年我国工业污染源治理投资（表 8-4）。

表 8-4　2001—2010 年我国工业污染源治理投资来源情况　　　　　单位：亿元

年份	工业污染治理项目当年投资来源总额	以政府为主体的投资	政府投资中		以企业为主体的投资
			国家预算内资金	环保专项资金	
2001	174.5	44.7	36.3	8.4	129.8
2002	188.4	48.7	42.0	6.7	139.6
2003	221.8	31.1	18.7	12.4	190.7
2004	308.1	24.8	13.7	11.1	283.3
2005	458.2	28.4	7.8	20.6	429.8
年份	工业污染治理项目当年投资来源总额	以政府为主体的投资	政府投资中		以企业为主体的投资
			排污费补助	政府其他补助	
2006	483.9	29.8	15.5	14.3	454.2
2007	552.4	26.5	15.7	10.8	525.9
2008	542.6	22.4	13.6	8.8	520.1
2009	442.5	21.1	14.1	7.0	421.5
2010	397.0	20.1	15.1	4.9	376.9

数据来源：《中国环境年鉴（2002—2011）》。

由表 8-4 可知，2001—2010 年，以政府为主体的工业污染源治理投资始终低于以企业为主体的工业污染源治理投资。这表明工业污染治理的主要责任者在于企业，而国家环保部门对环保投资的贡献主要在于其他方面，如环境基础设施的提供。

如果将环境基础设施建设投资视为以政府为主体的环保投资，将建设项目"三同时"环保投资视为以企业为主体的环保投资，分别与工业污染源治理投资的政府主体部分和企业主体部分相加，得到以政府为主体的环保投资和以企业为主体的环保投资（表 8-5）。

表 8-5　2001—2010 年我国环保投资来源情况

年份	环保投资总额	以政府为主体的环保投资		以企业为主体的环保投资	
		总额/亿元	比重/%	总额/亿元	比重/%
2001	1 106.7	640.47	57.87	466.22	42.13
2002	1 367.2	837.85	61.28	529.32	38.72
2003	1 627.7	1 103.73	67.81	524.16	32.20
2004	1 909.8	1 166.05	61.06	743.76	38.94
2005	2 388.0	1 318.08	55.20	1 069.91	44.80
2006	2 566.0	1 344.70	52.40	1 221.35	47.60
2007	3 387.3	1 493.96	44.10	1 893.34	55.90
2008	4 490.3	1 823.46	40.61	2 666.91	59.39
2009	4 525.3	2 533.02	55.97	1 992.11	44.02
2010	6 654.2	4 244.28	63.78	2 409.95	36.22

由表 8-5 可知，除个别年份外，以政府为主体的环保投资所占比重一直维持在 50% 以上，高于以企业为主体的环保投资。以 2010 年为例，以政府为主体的环保投资占环保投资总额的 63.78%，以企业为主体的环保投资占环保投资总额的 36.22%。原因可能在于环

境基础设施建设在环保投资中的高比重，使得政府环保投资所占比重高于企业环保投资所占比重。

将 2001—2010 年中国环保投资来源变动情况描绘出来，见图 8-2。

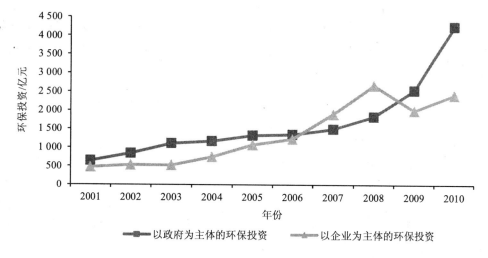

图 8-2　2001—2010 年中国环保投资来源变动

由图 8-2 可知，"十五"期间，以政府为主体的环保投资始终高于以企业为主体的环保投资。2007 年，以企业为主体的环保投资超过以政府为主体的环保投资。2009 年，以政府为主体的环保投资再次超过以企业为主体的环保投资。综上所述，从环保投资来源看，政府投资远高出企业投资，两者之间的差距在"十一五"期间有扩大的趋势。

8.3　金融发展对环保投资的作用机理

金融体制改革是经济体制改革的重要组成部分，金融发展是促进经济增长的主要源泉，也是影响企业融资约束、制约企业投资规模的主要因素。从环保投资来源看，金融发展水平越高，一方面使得地方经济发展越迅速，政府支出规模越大，政府环保投资越多；另一方面使得企业融资约束越小，融资渠道越多，企业环保投资越多。尽管金融发展对政府环保投资和企业环保投资的促进结果是一致的，但作用路径却是不同的。因此，应该分别考察金融发展对两种环保投资的影响。图 8-2 描述了 2003—2010 年我国政府环保投资与企业环保投资的变化趋势。由图 8-2 可知，政府环保投资始终高于企业环保投资，尤其是 2008 年以后，政府环保投资的增速远远大于企业环保投资的增速，我们看到政府环保投资力度的进一步强化。因此，梳理金融发展对两种不同类型环保投资的影响与作用有助于搞清楚金融发展对不同环保投资的作用机理，有助于更好地利用金融市场来扩大环保资来源、提高环保投资效率。

（1）金融发展、经济增长与政府环保投资

金融市场发展在地方经济增长中发挥着重要作用，金融发展与经济增长的正相关性似乎也是显而易见的（朱闰龙，2004）。学术界对金融发展和经济增长的关系进行了大量理论研究和实证分析。Gurely 和 Shaw（1955）指出金融中介所能创造出的货币供给额和信贷总额，能加速借贷双方的交易而使得一国的实际经济活动能更蓬勃发展，促进经济增长。Goldsmith（1969）使用金融发展中介资产价值与 GNP 的比率作为一国金融发展指标，利用 35 个国家的历史数据进行实证检验，发现金融发展与经济增长正相关。King 和 Levine（1993）在 Goldsmith（1969）的研究基础上，选取了更多的样本数据和更多的金融发展指标，并控制了影响经济增长的其他因素，进一步验证了金融发展对经济增长的促进作用。Levine 和 Zervos（1996）证实了银行发展水平和股票市场的流动性与经济增长有很强的正相关性，认为金融发展是促进经济增长的重要因素。谈儒勇（1999）研究发现我国金融中介体发展和经济增长之间有显著的、很强的正相关关系，这意味着我国金融中介体的发展有可能促进经济增长。赵振全和薛丰慧（2004）从实证研究的角度检验我国金融发展对经济增长作用，发现目前我国信贷市场对经济增长的作用比较显著，而股票市场的作用并不明显。康继军、张宗益和傅蕴英（2005）证明了中国、日本、韩国三国的金融发展与经济增长之间的因果关系。可见，金融发展能有效促进经济增长，而经济增长正是促进环保投资增加的主要因素（董秀海和李万新，2008；胡海青等，2008；王金南等，2009）。因此，金融发展水平越高，作为环保投资主要来源的财政收入越多，来自政府的环保投资越多。由此，得到假说 8-1：

假说 8-1：金融发展越好，政府环保投资越多。

（2）金融发展、融资约束与企业环保投资

融资约束指的是在资本市场不完善的情况下，企业由于内外部融资成本存在较大差异，无法支付过高的外部融资成本导致融资不足，由此使投资低于最优水平、投资决策过于依赖企业内部资金。金融发展水平从规模和效率两个方面缓解企业的融资约束（沈红波等，2010），是影响企业融资约束程度的重要因素（饶华春，2009）。首先，金融发展能够扩大金融市场的总体资金规模，为企业提供更多的信贷资金，这就为企业环保投资开拓了资金来源，更保证了环保投资的流动性。其次，金融发展有助于降低市场中的信息不对称问题，提高资金分配的效率，缓解企业的融资约束（沈红波等，2010）。因此，金融市场的发展有助于缓解企业融资约束，而融资约束的降低又有利于企业投资规模的扩大。环保投资是企业投资的一部分，因而，金融发展是缓解融资约束，促进企业环保投资的重要因素。由此，金融发展水平越高，企业面临的融资约束越弱，来自企业的环保投资越多。由此，得到假说 8-2：

假说 8-2：金融发展越好，企业环保投资越多。

金融发展对环保投资的作用机理如图 8-3 所示：

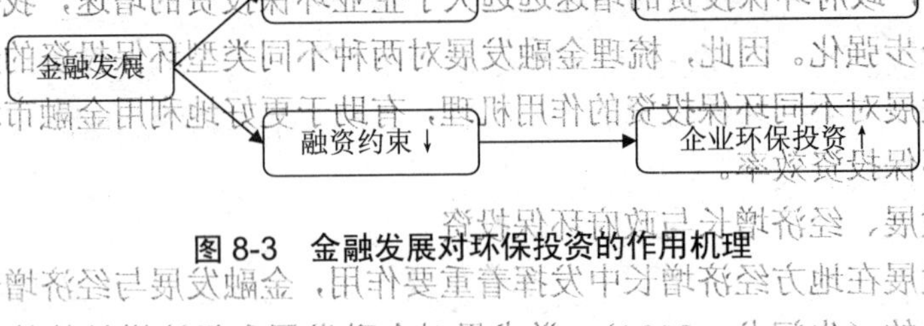

图 8-3　金融发展对环保投资的作用机理

8.4 金融发展与环保投资的经验检验

（1）研究设计

为了检验上述假设，同时考虑到环保投资的动态调整过程，以及金融发展对环保投资影响的时滞，设定如下包含滞后变量的经验模型：

$$\text{EI}_{it} = \alpha_0 + \alpha_1 \text{FD}_{it} + \alpha_2 \text{FD}_{it-1} + \alpha_3 \text{FD}_{it-2} + \alpha_4 \text{EI}_{it-1} + \alpha_5 \text{GE}_{it} + \alpha_6 \text{IND}_{it} + \alpha_j \sum \text{Year} \quad (8\text{-}1)$$

式中，因变量为环保投资（EI），用环保投资总额（EI_all）、政府环保投资（EI_zf）和企业环保投资（EI_qy）的自然对数表示。自变量为当期金融发展（FD）、滞后一期的金融发展（FD_{t-1}）和滞后两期的金融发展（FD_{t-2}）。借鉴 Goldsmith（1969）的金融相关比率，采用各地区金融机构存贷款额占 GDP 的比重表征当地金融发展水平，这种方法在许多研究中得到了广泛应用（沈红波等，2010；孙永强和万玉琳，2011）。同时，本书还采用樊纲等（2010）《中国市场化指数——各地区市场化相对进程 2009 年报告》中的地区金融市场化指数（FD1）、金融业竞争指数（FD2）以及信贷资金分配市场化指数（FD3）作为替代变量，进行一系列稳健性检验。控制变量包括前期的环保投资（EI_{t-1}），用环保投资（EI）的滞后一期表示；当期政府支出（GE），用当地政府支出的自然对数表示；产业结构（IND），用当地第二产业所占比重表示；年份（Year）为哑变量。

本章以 2003—2010 年中国 30 个地区的数据为研究对象，由于个别数据缺失，剔除了西藏。面板数据是平衡的（balanced），包括 8 年 30 个截面，共 240 个观测点。各地区金融发展（FD）、政府支出（GE）和产业结构（IND）数据均来自《中国统计年鉴》。环保投资总额（EI_all）来自《中国环境统计年鉴》。借鉴张平淡等（2012a）的做法，得到 2003—2010 年中国 30 个地区政府环保投资和企业环保投资的面板数据。另外，由于《中国市场化指数——各地区市场化相对进程 2009 年报告》（樊纲等，2010）的金融市场化指数（FD1）、金融业竞争指数（FD2）以及信贷资金分配市场化指数（FD3）仅到 2009 年，因此 2010 年的指数采用 2009 年的代替。

根据本研究样本时间跨度短、截面较多的动态面板特点，选择差分 GMM 估计方法（Arelleno 和 Bond，1991），这种方法可以较好地解决由于内生性和数据异质性造成的偏差。为了更加有效地解决异方差问题，采用两阶段差分 GMM 估计方法。考虑到两阶段差分 GMM 估计方法会低估参数的标准误差（Windmeijer，2005），本书采用两阶段-纠偏-稳健型估计量，以进行更好的统计推断。估计步骤为：首先，对经验模型（8-1）进行差分，以消除地区固定效应；然后，以滞后两期的内生变量（EI_{t-2}）和全部外生变量作为工具变量进行 GMM 估计；最后，进行模型筛选。

（2）描述性统计

表 8-6 为主要变量的描述性统计。由表 8-6 可知，各地区环保投资总额（EI_all）差别很大，最大值为 7.256，最小值仅为 –0.105。各地区政府环保投资（EI_zf）、企业环保投资（EI_qy）的差别也很大，而且，政府环保投资（EI_zf）的均值大于企业环保投资（EI_qy）。

表 8-6　主要变量的描述性统计

变量	样本量	均值	标准差	最小值	最大值
环保投资总额（EI_all）	240	4.177	1.017	−0.105	7.256
政府环保投资（EI_zf）	240	3.624	1.064	0.182	7.141
企业环保投资（EI_qy）	240	3.295	0.973	−0.562	6.082
金融发展（FD）	240	2.445	0.859	1.268	7.242
金融市场化指数（FD1）	240	8.297	2.274	2.670	12.840
金融业竞争指数（FD2）	240	6.650	2.579	−0.480	12.100
信贷资金分配市场化指数（FD3）	240	9.824	2.955	2.400	14.650
政府支出（GE）	240	6.899	0.793	4.658	8.598
产业结构（IND）	240	0.234	0.104	0.068	0.579

（3）相关性检验

表 8-7 列示了各变量之间的 Pearson 相关系数。

表 8-7　Pearson 相关性检验

	金融发展（FD）	金融市场化指数（FD1）	金融业竞争指数（FD2）	信贷资金分配市场化指数（FD3）
环保投资总额（EI_all）	0.018	0.588***	0.666***	0.442***
政府环保投资（EI_zf）	0.659***	0.301	0.533***	0.644***
企业环保投资（EI_qy）	−0.101	0.596***	0.550***	0.538***

注：*、**、***分别代表相关系数在10%、5%、1%的水平上显著。

由表 8-7 可知，政府环保投资（EI_zf）与金融发展（FD）显著正相关，假说 8-1 得到初步验证。金融市场化指数（FD1）与环保投资总额（EI_all）和企业环保投资（EI_qy）显著正相关，假说 8-2 得到初步验证。金融业竞争指数（FD2）和信贷资金分配市场化指数（FD3）与各种环保投资均显著正相关。相关系数检验结果表明，地区金融发展与政府环保投资和企业环保投资都存在显著关系。

（4）回归结果

以 2003—2010 年中国 30 个地区的环保投资（EI）为因变量，金融发展（FD）为自变量，前期环保投资（EI_{t-1}）、政府支出（GE）、产业结构（IND）和年份（Year）为控制变量，做两阶段 GMM 估计。方程（1）、方程（2）、方程（3）分别以环保投资总额（EI_all）、政府环保投资（EI_zf）、企业环保投资（EI_qy）为因变量，结果见表 8-8。

表 8-8　金融发展（FD）与环保投资的估计结果

变量	方程（1）环保投资总额（EI_all）	方程（2）政府环保投资（EI_zf）	方程（3）企业环保投资（EI_qy）	方程（4）固定资产投资（Invest）
金融发展（FD）	0.536*	2.012**	−1.390	0.271**
	(1.96)	(2.94)	(−1.33)	(2.70)
滞后一期的金融发展（FD_{t-1}）	1.367	−0.876	−1.629	0.020
	(1.83)	(−0.73)	(−1.11)	(0.19)

变量	方程（1）环保投资总额（EI_all）	方程（2）政府环保投资（EI_zf）	方程（3）企业环保投资（EI_qy）	方程（4）固定资产投资（Invest）
滞后两期的金融发展（FD_{t-2}）	0.679 (1.77)	−5.004 (−1.71)	−0.172 (−0.49)	0.052 (1.09)
前期环保投资（EI_{t-1}）	−0.700** (−2.43)	0.396 (0.93)	3.333 (1.38)	−0.066 (−0.63)
政府支出（GE）	1.124*** (5.74)	2.415*** (5.30)	−3.399 (−1.38)	1.230*** (20.14)
产业结构（IND）	1.429 (0.99)	12.725* (2.05)	−19.834 (−1.72)	0.552 (0.68)
AR（1）	0.002	0.000	0.019	0.000
AR（2）	1.000	1.000	1.000	1.000
Hansen J	1.000	1.000	1.000	1.000
观测值数	180	180	180	180

注：*、**、***分别表示在 10%、5%、1%的水平上显著。括号内为 T 值。AR（1）和 AR（2）分别表示误差项一阶和二阶自相关检验的 P 值。年份和常数项的估计系数从略。

方程（1）、方程（2）和方程（3）以各地区金融机构存贷款额占 GDP 的比重表征金融发展。方程（1）显示，当期金融发展（FD）的估计系数显著为正，表明金融发展能有效促进环保投资的增加。滞后一期的金融发展（FD_{t-1}）和滞后两期的金融发展（FD_{t-2}）的估计系数并不显著，表明金融发展对环保投资的促进作用并不具备长期效果。前期环保投资（EI_{t-1}）的估计系数显著为负，表明上一期的环保投资越多，当前环保投资越少。可见，为了实现环境保护和污染消除的目的，前一期环保投资越多，当期的环保投资要求就会相对减弱。政府支出（GE）的估计系数显著为正，表明政府财力越强，环保投资越多，这个结论与以往研究是一致的。产业结构（IND）的估计系数并不显著，未提供有意义的结论。AR（2）的 P 值等于 1，表明该方程的干扰项不存在二阶序列相关问题。Hansen 检验值等于 1，表明工具变量的选择较为合理。

方程（2）检验了金融发展对政府环保投资（EI_zf）的影响。当期金融发展（FD）的估计系数显著为正，可以认为以政府为主的环保投资在一定程度上受当地金融发展的影响，假说 8-1 得到验证。滞后一期的金融发展和滞后两期的金融发展的估计系数均不显著，说明金融发展对政府环保投资也不具备长期效应。产业结构（IND）的估计系数显著为正，表明政府环保投资受当地产业结构的影响，第二产业所占比重越大，政府环保投资越多，这与近年来我国各级政府结构调整的政策方向是一致的。

方程（3）检验了金融发展对企业环保投资（EI_qy）的影响。与方程（1）和方程（2）的检验结果不同，当期金融发展（FD）的估计系数为负，并不显著，表明金融发展对企业环保投资的作用并不明显，假说 8-2 没有得到验证。以往研究发现金融发展极大地影响着企业投资决策（饶华春，2009；沈红波等，2010），而方程（3）却并没有进一步解释这个结论。可能的原因在于环保投资还并没有纳入企业投资决策的范围，作为环境污染的主体，企业还没有成为环保投资的主体，它们只是不得已地进行环保投资，以应对环境规制的制约。正因为如此，原本对投资决策影响很大的金融发展，表现出与环保投资关系不大。为了验证这种猜想，用固定资产投资（Invest）代替企业环保投资重复方程（3），结果见表 8-8 的第四栏。研究发现，变量固定资产投资（Invest）的估计系数是显著为正的，表明金融发展水平越高，固定资产投资越多。结合第三栏的检验结果，不难发现，金融发展对企业投资行为的影响主要集中在生产性投资，对环保投资的作用仍未显现。

为了保证研究结论的稳健性，借鉴解维敏和方红星（2011）的做法，用《中国市场化指数——各地区市场化相对进程 2009 年报告》（樊纲等，2009）中的地区金融市场化指数（FD1）作为替代变量表征金融发展，重复上述回归，结果见表 8-9。

表 8-9　金融市场化指数（FD1）与环保投资的估计结果

变量	方程（1）环保投资总额（EI_all）	方程（2）政府环保投资（EI_zf）	方程（3）企业环保投资（EI_qy）
金融市场化指数（FD1）	1.523 (1.59)	0.382** (3.20)	−0.238 (−1.39)
滞后一期的金融市场化指数（FD1$_{t-1}$）	2.085 (1.60)	0.917* (2.14)	−0.503 (−1.35)
滞后两期的金融市场化指数（FD1$_{t-2}$）	1.313 (1.59)	0.660 (1.87)	−0.307 (−1.34)
前期环保投资（EI$_{t-1}$）	−1.786* (−1.90)	−1.257* (−2.28)	0.834 (0.73)
政府支出（GE）	−1.976 (−0.84)	0.945** (3.21)	0.937 (1.69)
产业结构（IND）	−7.744 (−1.21)	4.327 (1.78)	3.083 (0.47)
AR（1）	0.002	0.000	0.010
AR（2）	1.000	1.000	1.000
Hansen J	1.000	1.000	1.000
观测值数	180	180	180

注：*、**、***分别表示在 10%、5%、1%的水平上显著。括号内为 T 值。AR（1）和 AR（2）分别表示误差项一阶和二阶自相关检验的 P 值。年份和常数项的估计系数从略。

由表 8-9 可知，当以金融业竞争指数（FD2）表征金融发展时，方程（1）、方程（2）和方程（3）的回归结果与表 8-8 较为相似。金融市场化指数（FD1）只对政府环保投资有显著正向作用，对企业环保投资的作用不大。金融市场化程度越高，金融市场越发达，融资渠道越多元，政府环保投资力度越大。然而，金融市场化程度的提高并没有作用于企业环保投资行为，融资渠道的多元化也并没有助力企业环保投资，这进一步证明环保投资在企业眼里还只是一种"支出"，企业还没有意识到环保投资作为"投资"的作用，也没有因为环保投资对生产技术的溢出效应（Lin *et al*，2012；张平淡等，2012b）而增加环保投资。另外，政府的前期环保投资（EI$_{t-1}$）越多，当期环保投资越少，但这种现象在企业中并不明显。

用《中国市场化指数——各地区市场化相对进程 2009 年报告》（樊纲等，2009）中的金融业竞争指数（FD2）作为替代变量表征金融发展，重复上述回归，结果见表 8-10。

表 8-10　金融业竞争指数（FD2）与环保投资的估计结果

变量	方程（1）环保投资总额（EI_all）	方程（2）政府环保投资（EI_zf）	方程（3）企业环保投资（EI_qy）
金融业竞争指数（FD2）	0.043 (0.34)	−0.602 (−1.40)	−0.360** (−2.35)
滞后一期的金融业竞争指数（$FD2_{t-1}$）	0.312* (2.25)	1.687 (1.31)	−0.671* (−2.15)
滞后两期的金融业竞争指数（$FD2_{t-2}$）	0.404* (2.14)	1.524 (1.33)	−0.369 (−1.81)
前期环保投资（EI_{-1}）	−0.718* (−2.26)	2.059 (1.10)	−3.225* (−1.99)
政府支出（GE）	2.087** (3.15)	−0.643 (−0.43)	0.808 (1.63)
产业结构（IND）	−2.180 (−0.80)	−1.244 (−0.35)	11.730* (2.10)
AR（1）	0.002	0.000	0.008
AR（2）	1.000	1.000	1.000
Hansen J	1.000	1.000	1.000
观测值数	180	180	180

注：*、**、***分别表示在 10%、5%、1%的水平上显著。括号内为 T 值。AR（1）和 AR（2）分别表示误差项一阶和二阶自相关检验的 P 值。年份和常数项的估计系数从略。

表 8-10 的回归结果与表 8-8 和表 8-9 存在很大差异。方程（2）中金融业竞争指数（FD2）的估计系数为负且不显著，而方程（3）中金融业竞争指数（FD2）的估计系数显著为负。由于金融业竞争指数（FD2）反映了各地区非国有金融机构吸收存款的情况，因此，这个结果说明了三个问题：第一，非国有金融机构吸收存款比例与政府环保投资并无关系，这与政府环保投资的实际来源是一致的；第二，非国有金融机构吸收存款比例越高，企业环保投资越低，说明非国有金融机构的发展并不利于企业环保投资的增加，这表明非国有金融机构在为企业提供资金时是短视的。另外，金融业竞争指数（FD2）对企业环保投资的方向作用在滞后一期时也是存在的。第三，尽管短期内金融业竞争水平的提升阻碍了企业环保投资，但从长期来看，金融业竞争水平的提高有利于环保投资总额的增加。

用《中国市场化指数——各地区市场化相对进程 2009 年报告》（樊纲等，2009）中的信贷资金分配市场化指数（FD3）作为替代变量表征金融发展，重复上述回归，结果见表 8-11。

表8-11 信贷资金分配市场化指数（FD3）与环保投资的估计结果

变量	方程（1）环保投资总额（EI_all）	方程（2）政府环保投资（EI_zf）	方程（3）企业环保投资（EI_qy）
信贷资金分配市场化指数（FD3）	−0.688** (−2.91)	−0.052 (−0.31)	0.262 (1.26)
滞后一期的信贷资金分配市场化指数（FD3$_{t-1}$）	−0.444 (−1.63)	0.637** (2.43)	−0.473 (−1.63)
滞后两期的信贷资金分配市场化指数（FD3$_{t-2}$）	−0.434* (−1.93)	0.463* (2.12)	−0.154 (−1.31)
前期环保投资（EI$_{t-1}$）	−1.606** (−2.56)	−0.772** (−2.47)	2.778 (1.43)
政府支出（GE）	3.218*** (3.76)	0.652 (1.79)	0.787 (1.24)
产业结构（IND）	5.295** (2.43)	−2.509 (−0.99)	11.882** (2.42)
AR（1）	0.002	0.000	0.012
AR（2）	1.000	1.000	1.000
Hansen J	1.000	1.000	1.000
样本数	180	180	180

注：*、**、***分别表示在10%、5%、1%的水平上显著。括号内为 T 值。AR（1）和 AR（2）分别表示误差项一阶和二阶自相关检验的 P 值。年份和常数项的估计系数从略。

信贷资金分配的市场化程度反映了金融机构短期贷款中向非国有经济部门贷款的比例，表 8-11 显示，方程（1）中，信贷资金分配市场化指数（FD3）和滞后两期的信贷资金分配市场化指数（FD3$_{t-2}$）的估计系数显著为负，信贷资金分配市场化指数（FD3）越高，环保投资总额越低。方程（2）中，信贷资金分配市场化指数（FD3）的估计系数并不显著，但滞后一期的信贷资金分配市场化指数（FD3$_{t-1}$）和滞后两期的信贷资金分配市场化指数（FD3$_{t-2}$）的估计系数显著为正。方程（3）中，信贷资金分配市场化指数（FD3）的估计系数并不显著。这表明从短期看民营企业获得的贷款比例越高，越不利于环保投资的进行。但从长期来看，向民营企业的贷款比例越高，越有利于提高民营经济活力进而增加政府收入，从而有益于政府环保投资的增加。

用企业环保投资与政府环保投资的比值代表环保投资结构，进一步检验各地区金融机构存贷款额占 GDP 的比重（FD）、地区金融市场化指数（FD1）、金融业竞争指数（FD2）和信贷资金分配市场化指数（FD3）对环保投资结构的影响。研究发现，不论以哪种指标衡量金融发展，其对环保投资结构的作用都并不明显。

8.5 如何通过金融发展促进环保投资主体多元化

金融体制改革是经济体制改革的重要组成部分，金融发展是促进经济增长的主要源泉，也是影响企业融资约束的主要因素。从环保投资来源看，金融发展一方面促进经济增长，进而增加政府环保投资，另一方面缓解企业融资约束，进而增加企业环保投资。尽管金融发展对政府环保投资和企业环保投资的促进结果是一致的，但作用路径却是不同的。因此，对政府环保投资和企业环保投资的分别讨论是十分必要的。

本章利用 2003—2010 年全国 30 个地区的面板数据，通过两阶段 GMM 方法检验了金融发展对环保投资的动态作用效果。研究发现，金融发展能有效促进政府环保投资的增加，不过这种作用的长期效果仍未显现。由于环保投资只是企业投资行为的一部分，而目前大部分企业并没有意识到环保投资对企业技术升级的长期作用，大部分企业将环保投资视为一种高昂的成本支出，这使得金融发展对企业环保投资的作用并无体现。因此，要想进一步发挥环保投资对污染防治和环境技术改进的积极作用，一方面应促进金融发展，降低融资约束，扩大融资渠道，另一方面应加强企业环保投资意识，进一步发挥金融发展对企业环保投资的促进作用。

第9章 后续研究设想

9.1 环保投资为我们带来了什么

上述各章节利用描述性统计、理论分析和实证检验等方法，总结并评价环保投资的国内外相关研究，通过环保投资与全过程管理（治污减排效应）、环保投资与经济增长（经济增长效应）、环保投资与技术进步（技术进步效应）、环保投资与就业增长（社会民生效应）、环保投资与环保产业发展（产业发展效应）、环保投资与环保企业发展（微观经济效应）、环保投资与区域金融发展（区域异质效应）等专题的深入分析，系统梳理了环保投资与各经济社会发展要素的关系，主要研究发现如下：

第一，环保投资与全过程管理。随着中国环境管理事业的推进，实现从末端治理向全过程控制的转型、转变将是一种必然。比较主要污染物"十五"与"十一五"期间全过程治理的实现情况，我们发现，工业 SO_2 和工业粉尘排放强度降低主要归功于末端治理，工业 COD 排放强度降低主要归功于源头防治。环保投资在主要污染物全过程管理的实现中发挥了不同作用。环保投资对工业 SO_2 和工业粉尘全过程管理的推动作用十分明显，对工业 COD 全过程管理的推动作用仍未显现。环保投资在"十五"期间只对工业粉尘的全过程管理有积极作用，在"十一五"期间开始对工业 SO_2 和工业 COD 全过程管理发挥作用。因此，要充分利用环保投资对全过程管理的积极作用，推动更多地区实现从末端治理向全过程管理的转型，从而促进全国各地区实现从末端治理到全过程管理的真正转变。

第二，环保投资与经济增长。环保投资在改善环境质量的同时，与普通投资一样对经济增长发挥着短期和长期的促进作用。尽管环保投资对经济增长的拉动作用不及经济增长对环保投资的带动作用大，但环保投资的"投资"性质是不容忽视的。因此，对环保投资的认识不应仅停留在为改善环境而支出费用的层面上，而是应该从投资的角度重新认识环保投资，充分利用环保投资在改善环境和拉动经济两方面的双重作用，实现环境改善与经济增长的双重红利。

第三，环保投资与技术进步。环保投资不仅能够通过普通投资的作用途径促进经济增长，还能促使生产技术的环保化，提高环保技术水平，进而在既定环境规制下，实现经济可持续增长，即环保投资的"溢出效应"。因此，如何借助环保投资的技术溢出效应去推动企业自主创新，带动企业的技术进步，促使企业少排放、少污染，从而真正实现从末端治理到生产全过程治理的转变，将是未来环保投资的主要方向。

第四，环保投资与就业增长。环保投资的增加并没有因挤出生产性投资而挤出就业，相反，环保投资在改善环境的同时，创造了大量的就业机会。环保投资总额每增加 1 倍，就业规模提高 0.2 个百分点。与此同时，环保投资还能改善就业结构，提高第三产业就业人数的相对比重。因此，应当充分肯定环保投资对就业的带动效应，全面认识环保投资对经济发展的作用和对社会民生改善的影响，并借此提高就业水平，升级就业结构。

第五，环保投资与环保产业关联度。环保产业前向、后向的直接关联和完全关联产业分析表明，环保产业波及广泛，在 135 个部门分类中，共有 100 个和 125 个产业分别与环保产业产生了前向和后向的直接联系，环保产业完全关联产业数量更多，波及作用更明显。因此，应当充分利用环保产业对产业链上下游产业的前向与后向联系，通过产业关联实现环保产业对关联产业的推动与带动作用。

第六，环保投资与环保企业发展。从理论角度看，环保投资通过"技术效应"和"需求效应"两个途径作用于环保企业。首先，环保投资能够通过对环境技术的提升，加速环保企业发展；其次，环保投资还能直接派生出对环保产品和环保服务的需求，促进环保企业发展。不过，实证检验表明，目前环保投资主要通过"需求效应"促进环保企业发展，"技术效应"仍未显现。因此，我们一方面应该充分肯定环保投资在环保企业发展初期起到推动作用，另一方面应该积极调整环保投资结构，促进环保投资"技术效应"的有效发挥，实现环保企业的持续发展。

第七，环保投资与区域金融发展。从环保投资来源看，金融发展一方面促进经济增长，进而增加政府环保投资，另一方面缓解企业融资约束，进而增加企业环保投资。实证研究发现，金融发展能有效促进政府环保投资的增加，不过这种作用的长期效果仍未显现。由于环保投资只是企业投资行为的一部分，而目前大部分企业并没有意识到环保投资对企业技术升级的长期作用，大部分企业将环保投资视为一种高昂的成本支出，这使得金融发展对企业环保投资的作用并无体现。因此，要想进一步发挥环保投资对污染防治和环境技术改进的积极作用，一方面应促进金融发展，降低融资约束，扩大融资渠道，另一方面应加强企业环保投资意识，进一步发挥金融发展对企业环保投资的促进作用。

9.2 未来进一步研究方向

尽管现有关于环保投资的研究已十分丰富，但有如下几个问题尚待深入研究，这几个问题也将成为环保投资的未来研究方向：

第一，环保投资的资本存量问题。可靠的资本存量数据是分析许多宏观经济问题的前提，准确估算资本存量的意义不仅有利于反映社会现有生产经营规模和技术水平，更能为经济增长率和全要素生产率的计算提供科学依据。为此，资本存量的估算成为宏观经济学关注的焦点之一。现有研究不仅估算了全国及省际的物质资本存量（张军和章元，2003；张军等，2004），还深入估算了公共基础设施资本存量（娄洪，2004；金戈，2012），三次产业的资本存量（徐现祥等，2007），国有经济的资本存量（王益煊和吴优，2003），人力资本存量（钱雪亚和周颖，2005），研发资本存量（邓进，2007），公路水运交通资本存量（刘秉镰和刘勇，2007）等。不过，至今仍未有环保投资存量的估算，而环保投资存量的估算对评价环保投资效率，衡量环保投资缺口，制定环保投资计划有着关键作用。

第二，环保投资是否真的"环保"。笔者发现，环保投资对产业结构优化的作用并不理想，在一些回归中，环保投资的增加带来了二产比重的提升。可能的原因在于，环保投资被用于购买治污设备或建造治污设施，这些设备和设施的生产与建造增加了第二产业的贡献，这些贡献同时产生了污染排放。可见，环保投资在保护环境的同时，再次产生了污染排放，环保投资未必"环保"。那么，究竟什么规模的环保投资是合理的，什么结构的环保投资不会造成二次污染，什么类型的环保投资才是真正环保的，这些问题尚待回答。

第三，环保投资的微观作用机理。环保投资不仅是主要的环境经济政策，还是政府为了调控国民经济发展而制定的影响整个经济体的宏观经济政策之一。宏观经济政策需要通过微观企业行为来发挥作用，微观企业行为的不断积累才形成了宏观经济背景。尽管本书第7章利用上市公司的数据检验了环保投资对环保产业的作用机理，但这种尝试仍然没有系统解释环保投资的微观作用机理。未来的研究方向是微观企业行为与宏观经济政策的结合，是环保企业行为与环保投资的结合，也是排污企业行为与环保投资的结合。

参考文献

[1] Aghion，P.，Howitt，P.（1997）. *Endogenous growth theory.* MIT Press.

[2] Al-Tuwaijri，S. A.，Christensen，T. E.，& Hughes，K. E.（2004）. The relations among environmental disclosure，environmental performance，and economic performance：a simultaneous equations approach. *Accounting，Organizations and Society*，29（5）：447-471.

[3] Andreoni，J.，Levinson，A.（2001）. The simple analytics of the environmental Kuznets curve. *Journal of public economics*，80（2）：269-286.

[4] Ang，B. W.，& Liu，N.（2007）. Handling zero values in the logarithmic mean Divisia index decomposition approach. *Energy Policy*，35（1）：238-246.

[5] Arellano，M.，& Bond，S.（1991）. Some tests of specification for panel data：Monte Carlo evidence and an application to employment equations. *The Review of Economic Studies*，58（2）：277-297.

[6] Barbier，E. B.（1999）. Endogenous growth and natural resource scarcity.*Environmental and Resource Economics*，14（1）：51-74.

[7] Baron，R. M.，& Kenny，D. A.（1986）. The moderator–mediator variable distinction in social psychological research：Conceptual，strategic，and statistical considerations. *Journal of personality and social psychology*，51（6）：1173.

[8] Barro，R.J.（1990）. Government spending in a simple model of endogenous growth. *Journal of Political Economy*，98（5）：103-125.

[9] Becker，R. A.，& Henderson，J. V.（2001）. Costs of air quality regulation. In*Behavioral and distributional effects of environmental policy*（pp. 159-186）. University of Chicago Press.

[10] Becker，R.，& Henderson，V.（2000）. Effects of air quality regulations on polluting industries. *Journal of Political Economy*，108（2）：379-421.

[11] Berman，E.，& Bui，L.（2001）. Environmental regulation and labor demand：Evidence from the south coast air basin. *Journal of Public Economics*，79（2）：265-295.

[12] Bliese，J. R.（1999）. The Great "Environment Versus Economy" Myth.*Brownstone Policy Institute，New York*.

[13] Boyd，G. A.，Hanson，D. A.，& Sterner，T.（1988）. Decomposition of changes in energy intensity：A comparison of the Divisia index and other methods.*Energy Economics*，10（4）：309-312.

[14] Carraro，Carlo，ed.（1994）. Trade，innovation，environment. Vol. 2. Springer.

[15] Cole，M. A.，& Neumayer，E.（2004）. Examining the impact of demographic factors on air pollution. *Population and Environment*，26（1）：5-21.

[16] Cramer，J. C.（1998）. Population growth and air quality in California.*Demography*，35（1）：45-56.

[17] Cramer，J. C.（2002）. Population growth and local air pollution：methods，models，and results. *Population*

and Development Review，28，22-52.

[18] Cramer，J. C.，& Cheney，R. P.（2000）. Lost in the ozone: population growth and ozone in California. *Population and Environment*，21（3）: 315-338.

[19] Daily，G. C.，& Ehrlich，P. R.（1992）. Population，sustainability，and Earth's carrying capacity. *BioScience*，42（10）: 761-771.

[20] Dasgupta，P.，& Heal，G.（1974）. The optimal depletion of exhaustible resources. *The review of economic studies*，41，3-28.

[21] Dasgupta，P.，& Heal，G.（1974）. The optimal depletion of exhaustible resources. *The Review of Economic Studies*，3-28.

[22] Dasgupta，S.，Laplante，B.，Wang，H.，& Wheeler，D.（2002）. Confronting the environmental Kuznets curve. *The Journal of Economic Perspectives*，16（1）: 147-168.

[23] De Bruyn，S. M.（1997）. Explaining the environmental Kuznets curve: structural change and international agreements in reducing sulphur emissions. *Environment and development economics*，2（4）: 485-503.

[24] De Bruyn，S. M.，van den Bergh，J. C.，& Opschoor，J. B.（1998）. Economic growth and emissions: reconsidering the empirical basis of environmental Kuznets curves. *Ecological Economics*，25（2）: 161-175.

[25] Dietz，T.，& Rosa，E. A.（1997）. Effects of population and affluence on CO_2 emissions. *Proceedings of the National Academy of Sciences*，94（1）: 175-179.

[26] Dinda，S.（2004）. Environmental Kuznets curve hypothesis: a survey.*Ecological economics*，49（4）: 431-455.

[27] Ehrhardt‐Martinez，K.，Crenshaw，E. M.，& Jenkins，J. C.（2002）. Deforestation and the Environmental Kuznets Curve: A Cross‐National Investigation of Intervening Mechanisms. *Social Science Quarterly*，83（1）: 226-243.

[28] Esty，D. C.，& Porter，M. E.（1998）. Industrial ecology and competitiveness.*Journal of Industrial Ecology*，2（1）: 35-43.

[29] Fan，Y.，Liu，L. C.，Wu，G.，& Wei，Y. M.（2006）. Analyzing impact factors of CO_2 emissions using the STIRPAT model. *Environmental Impact Assessment Review*，26（4）: 377-395.

[30] Gali，J.（1996）. *Technology，employment，and the business cycle: Do technology shocks explain aggregate fluctuations*（No. w5721）. National Bureau of Economic Research.

[31] Goldsmith，R. W.（1969）. Financial structure and development. *New Haven，CT: Yale U.*

[32] Goodstein，E.（1995）. Jobs or the Environment? No trade-off. *Challenge*，41-45.

[33] Grimaud，A.，& Rouge，L.（2003）. Non-renewable resources and growth with vertical innovations: optimum，equilibrium and economic policies. *Journal of Environmental Economics and Management*，45（2）: 433-453.

[34] Grossman，G. M.，& Krueger，A. B.（1991）. *Environmental impacts of a North American free trade agreement*（No. w3914）. National Bureau of Economic Research.

[35] Gurley，J. G.，& Shaw，E. S.（1955）. Financial aspects of economic development. *The American Economic Review*，45（4）: 515-538.

[36] Hamilton，C.，& Turton，H.（2002）. Determinants of emissions growth in OECD countries. *Energy Policy*，

30（1）：63-71.

[37] Hitchens，D.，Trainor，M.，Clausen，J.，Thankappan，S.，& de Marchi，B.（2003）. *Small and Medium Sized Companies in Europe: Environmental Performance, Competitiveness and Management: International EU Case Studies*. Springer.

[38] Howarth，R. B.，Schipper，L.，Duerr，P. A.，& Strøm，S.（1991）. Manufacturing energy use in eight OECD countries: Decomposing the impacts of changes in output, industry structure and energy intensity. *Energy Economics*，13（2）：135-142.

[39] Jaffe，A. B.，Newell，R. G.，& Stavins，R. N.（2002）. Environmental policy and technological change. *Environmental and Resource Economics*，22（2）：41-70.

[40] Jenkins，R.（1998）. Industrialization, Trade and Pollution, Global Environmental Change Programme of the Economic and Social Research Council. September 24.

[41] King，R. G.，& Levine，R.（1993）. Financial intermediation and economic development. *Capital markets and financial intermediation*，156-189.

[42] Lans Bovenberg A，Smulders S. Environmental quality and pollution-augmenting technological change in a two-sector endogenous growth model. Journal of Public Economics，1995，57（3）：369-391.

[43] Lans Bovenberg，A.，& Smulders，S.（1995）. Environmental quality and pollution-augmenting technological change in a two-sector endogenous growth model. *Journal of Public Economics*，57（3）：369-391.

[44] Levine，R.，& Zervos，S.（1998）. Stock markets, banks, and economic growth. *American economic review*，537-558.

[45] Levinson，A.（2007）. *Technology, international trade, and pollution from US manufacturing*（No. w13616）. National Bureau of Economic Research.

[46] Liddle，B.，& Lung，S.（2010）. Age-structure, urbanization, and climate change in developed countries: revisiting STIRPAT for disaggregated population and consumption-related environmental impacts. *Population and Environment*，31（5）：317-343.

[47] Lin，Q.，Chen，G.，Du，W.，& Niu，H.（2012）. Spillover effect of environmental investment: evidence from panel data at provincial level in China. *Frontiers of Environmental Science & Engineering*，6（3）：412-420.

[48] Lucas Jr，R. E.（1988）. On the mechanics of economic development. *Journal of monetary economics*，22（1）：3-42.

[49] Managi，S.（2006）. Pollution, natural resource and economic growth: an econometric analysis. *International journal of global environmental issues*，6（1）：73-88.

[50] Martínez-Zarzoso，I.，& Maruotti，A.（2011）. The impact of urbanization on CO$_2$ emissions: Evidence from developing countries.*Ecological Economics*，70（7）：1344-1353.

[51] Martínez-Zarzoso，I.，Bengochea-Morancho，A.，& Morales-Lage，R.（2007）. The impact of population on CO$_2$ emissions: evidence from European countries. *Environmental and Resource Economics*，38（4）：497-512.

[52] Nelson，K.（1994）. *Finding and implementing projects that reduce waste*（pp. 371-382）. Cambridge University Press，Cambridge，UK.

[53] Orlitzky, M., Schmidt, F. L., & Rynes, S. L. (2003). Corporate social and financial performance: A meta-analysis. *Organization studies*, 24 (3): 403-441.

[54] Panayotou, T. (1993). Empirical tests and policy analysis of environmental degradation at different stages of economic development. International Labour Organization.

[55] Parikh, J., & Shukla, V. (1995). Urbanization, energy use and greenhouse effects in economic development: Results from a cross-national study of developing countries. *Global Environmental Change*, 5 (2): 87-103.

[56] Park, S. H. (1992). Decomposition of industrial energy consumption: An alternative method. *Energy Economics*, 14 (4): 265-270.

[57] Reinhardt, F. (2008). Market failure and the environmental policies of firms: Economic rationales for "beyond compliance" behavior. *Journal of Industrial Ecology*, 3 (1): 9-21.

[58] Romer, P. M. (1986). Increasing returns and long-run growth. *The Journal of Political Economy*, 1002-1037.

[59] Romer, P. M. (1990). Endogenous technological change. *Journal of political Economy*, S71-S102.

[60] Ryan, S. P. (2012). The costs of environmental regulation in a concentrated industry. *Econometrica*, 80 (3): 1019-1061.

[61] Scholz, C. M., & Ziemes, G. (1999). Exhaustible resources, monopolistic competition, and endogenous growth. *Environmental and Resource Economics*, 13 (2): 169-185.

[62] Shi, A. (2003). The impact of population pressure on global carbon dioxide emissions, 1975–1996: evidence from pooled cross-country data. *Ecological Economics*, 44 (1): 29-42.

[63] Stiglitz, J. (1974). Growth with exhaustible natural resources: efficient and optimal growth paths. *The review of economic studies*, 41, 123-137.

[64] Stiglitz, J. (1974). Growth with exhaustible natural resources: efficient and optimal growth paths. *The review of economic studies*, 123-137.

[65] Stokey, N. L. (1998). Are there limits to growth?. *International economic review*, 1-31.

[66] Tamazian, A., Chousa, J. P., & Vadlamannati, K. C. (2009). Does higher economic and financial development lead to environmental degradation: evidence from BRIC countries. *Energy policy*, 37 (1): 246-253.

[67] Taylor, M. S., & Copeland, B. R. (2004). Trade, growth, and the environment. *Journal of Economic Literature*, 42, 7-71.

[68] Virkanen, J. (1998). Effect of urbanization on metal deposition in the bay of Töölönlahti, Southern Finland. *Marine Pollution Bulletin*, 36 (9): 729-738.

[69] Windmeijer, F. (2005). A finite sample correction for the variance of linear efficient two-step GMM estimators. *Journal of econometrics*, 126 (1): 25-51.

[70] Xepapadeas, A. (1997). Economic development and environmental pollution: traps and growth. *Structural Change and Economic Dynamics*, 8 (3): 327-350.

[71] York, R. (2007). Demographic trends and energy consumption in European Union Nations, 1960–2025. *Social Science Research*, 36 (3): 855-872.

[72] York, R., Rosa, E. A., & Dietz, T. (2003). STIRPAT, IPAT and ImPACT: analytic tools for unpacking

the driving forces of environmental impacts.*Ecological economics*，46（3）：351-365.

[73] Zaba，B.，& Clarke，J. I.（1994）. Introduction：current directions in population-environment research. *Environment and population change. Derouaux Ordina Editions，Liège.*

[74] Zhang，P.（2013）. End-of-pipe or process-integrated：evidence from LMDI decomposition of China's SO_2 emission density reduction. *Frontiers of Environmental Science & Engineering*，1-8.

[75] Zhang，Z.（2000）. Decoupling China's carbon emissions increase from economic growth：An economic analysis and policy implications. *World Development*，28（4）：739-752.

[76] Zotter，K. A.（2004）. "End-of-pipe" versus "process-integrated" water conservation solutions：A comparison of planning，implementation and operating phases. *Journal of Cleaner Production*，12（7）：685-695.

[77] 安树民，张世秋，王仲成. 2001. 试论环境保护投资与环保产业的发展. 中国人口·资源与环境，(3).

[78] 昌敦虎，王鑫，安海蓉，等. 2010. 我国环境保护投资统计口径调整方案研究. 环境经济，(7).

[79] 陈滢，王爱兰. 2010. 信息化与工业化融合是发展低碳经济的有效途径. 资源开发与市场，(8).

[80] 成艾华. 2011. 技术进步，结构调整与中国工业减排——基于环境效应分解模型的分析. 中国人口·资源与环境，(3).

[81] 崔亚飞，刘小川. 2010. 基于空间计量的我国省级环保投资特征分析. 学海，(3).

[82] 邓进. 2007. 中国高新技术产业研发资本存量和研发产出效率. 南方经济，(8).

[83] 董秀海，李万新. 2008. 地方环保投资驱动因素研究. 云南师范大学学报（哲学社会科学版），(3).

[84] 杜江，刘渝. 2008. 城市化与环境污染：中国省际面板数据的实证研究. 长江流域资源与环境，(6).

[85] 杜雯翠. 2013. 工业化视角下的能源效率、技术进步与空气质量——来自工业国与准工业国的比较. 软科学，(12).

[86] 杜雯翠. 2013. 环保投资、环境技术与环保产业发展——来自环保类上市公司的经验证据. 北京理工大学学报（社会科学版），(3).

[87] 杜雯翠. 2013. 要"温饱"还是要"环保"？——污染排放与劳动者收入的双向关系研究. 当代经济科学，(3).

[88] 杜雯翠，冯科. 2013. 城市化会恶化空气质量吗？——来自新兴经济体国家的经验证据. 经济社会体制比较，(4).

[89] 樊纲，王小鲁，朱恒鹏. 2010. 中国市场化指数——各地区市场化相对进程2009年报告. 北京：经济科学出版社.

[90] 冯薇. 2008. 产业集聚，循环经济与区域经济发展. 北京：经济科学出版社.

[91] 高广阔，陈珏. 2008. 环保产业对国民经济增长的拉动作用的实证检验. 经济纵横，(15).

[92] 国家环境保护部. 中国环境统计年鉴（1995—2009年）. 北京：中国环境科学出版社，1996—2010.

[93] 国家统计局、国家发展和改革委员会. 中国能源统计年鉴（2005—2009年）. 北京：中国统计出版社，2006—2010.

[94] 国家统计局. 中国统计年鉴（2005—2009年）. 北京：中国统计出版社，2006—2010.

[95] 何禹霆，王岭. 2012. 城市化、外商直接投资对环境污染的影响——基于1997—2010年中国省际面板数据的经验分析. 经济体制改革，(3).

[96] 侯凤岐. 2008. 我国区域经济集聚的环境效应研究. 西北农林科技大学学报（社会科学版），(3).

[97] 胡海青，李建，张道宏. 2008. 环保投资与经济增长的协整及因果关系检验——基于1981—2005年

的数据分析. 科技进步与对策, (7).

[98] 黄棣芳. 2011. 基于面板数据对工业化与城市化影响下的经济增长与环境质量的实证分析. 中国人口·资源与环境, (12).

[99] 黄菁. 2009. 环境污染与工业结构: 基于 Divisia 指数分解法的研究. 统计研究, (12).

[100] 黄志刚. 2008. 国外环保投资的经验及对我国的启发. 边疆经济与文化, (7).

[101] 黄志刚. 2008. 我国环境保护投资的现状分析与改革探索. 北方经济, (4).

[102] 蒋洪强. 2004. 环保投资对经济作用的机理与贡献度模型. 系统工程理论与实践, (12).

[103] 蒋洪强, 曹东, 王金南, 等. 2005. 环保投资对国民经济的作用机理与贡献度模型研究. 环境科学研究, (1).

[104] 蒋洪强, 张静. 2012. 环境技术创新与环保产业发展. 环境保护, (15).

[105] 蒋洪强, 张静, 王金南, 等. 2012. 中国快速城镇化的边际环境污染效应变化实证分析. 生态环境学报, (2).

[106] 颉茂华, 刘向伟, 白牡丹. 2010. 环保投资效率实证与政策建议. 中国人口·资源与环境, (4).

[107] 解维敏, 方红星. 2011. 金融发展、融资约束与企业研发投入. 金融研究, (5).

[108] 金戈. 2012. 中国基础设施资本存量估算. 经济研究, (4).

[109] 景普秋, 陈甬军. 2004. 中国工业化与城市化进程中农村劳动力转移机制研究. 东南学术, (4).

[110] 康继军, 张宗益, 傅蕴英. 2005. 金融发展与经济增长之因果关系——中国、日本、韩国的经验. 金融研究, (10).

[111] 雷社平, 何音音. 2010. 我国环保投资与经济增长的回归分析. 西北工业大学学报 (社会科学版), (6).

[112] 李荔, 毕军, 杨金田, 等. 2010. 我国二氧化硫排放强度地区差异分解分析. 中国人口·资源与环境, (3).

[113] 李仕兵, 赵定涛. 2008. 环境污染约束条件下经济可持续发展内生增长模型. 预测, (1).

[114] 李树, 陈刚, 陈屹立. 2011. 环境立法、执法对环保产业发展的影响——基于中国经验数据的实证分析. 上海经济研究, (8).

[115] 刘秉镰, 刘勇. 2007. 对我国公路水运交通省际资本存量 (1952—2004) 的估算. 北京交通大学学报 (社会科学版), (6).

[116] 刘改妮, 王会肖, 逯元堂, 等. 2012. 国外环保投资预测方法研究综述. 环境科学与管理, (1).

[117] 刘金全, 郑挺国, 宋涛. 2009. 中国环境污染与经济增长之间的相关性研究——基于线性和非线性计量模型的实证分析. 中国软科学, (9).

[118] 刘绍军. 2012. 区域环保投资与经济可持续发展研究——基于我国区域面板数据比较分析. 企业经济, (1).

[119] 娄洪. 2004. 长期经济增长中的公共投资政策. 经济研究, (3).

[120] 鲁焕生. 2005. 中国环保投资领域存在的问题. 经济研究参考, (23).

[121] 鲁焕生、高红贵. 2004. 中国环保投资的现状及分析. 中南财经政法大学学报, (6).

[122] 陆旸. 2011. 中国的绿色政策与就业: 存在双重红利吗. 经济研究, (7).

[123] 逯元堂, 王金南, 吴舜泽, 等. 2010. 中国环保投资统计指标与方法分析. 中国人口·资源与环境, (5).

[124] 毛如柏. 2010. 中国环境法制建设对环保投资和环保产业的影响. 北京大学学报 (社会科学版), (3).

[125] 彭水军，包群．2006．环境污染，内生增长与经济可持续发展．数量经济技术经济研究，(9)．

[126] 彭水军，包群．2006．中国经济增长与环境污染．中国工业经济，(5)．

[127] 彭昱．2012．经济增长，电力业发展与环境污染治理．经济社会体制比较，(5)．

[128] 齐志新，陈文颖．2006．结构调整还是技术进步？——改革开放后我国能源效率提高的因素分析．上海经济研究，(6)．

[129] 钱雪亚，周颖．2005．人力资本存量水平的计量方法及实证评价．商业经济与管理，(2)．

[130] 曲国明，王巧霞．2010．国外环保投资基金经验对我国的启示．金融与经济，(5)．

[131] 饶华春．2009．中国金融发展与企业融资约束的缓解——基于系统广义矩估计的动态面板数据分析．金融研究，(9)．

[132] 邵海清．2010．环保投资与国民经济增长的灰色关联分析．生产力研究，(12)．

[133] 沈红波，寇宏，张川．2010．金融发展，融资约束与企业投资的实证研究．中国工业经济，(6)．

[134] 宋涛，郑挺国，佟连军，等．2006．基于面板数据模型的中国省区环境分析．中国软科学，(10)．

[135] 苏杨，马宙宙．2006．我国农村现代化进程中的环境污染问题及对策研究．中国人口·资源与环境，(2)．

[136] 孙刚．2004．污染，环境保护和可持续发展．世界经济文汇，(5)．

[137] 孙永强，万玉琳．2011．金融发展、对外开放与城乡居民收入差距——基于1978—2008年省际面板数据的实证分析．金融研究，(1)．

[138] 谈儒勇．1999．中国金融发展和经济增长关系的实证研究．经济研究，(10)．

[139] 谭立．2002．中国环保投融资机制的新格局．环境保护，(8)．

[140] 唐小坤，王哲．2007．信息化与环境保护．中国环境科学学会学术年会优秀论文集，(2007)．

[141] 涂正革．2008．环境、资源与工业增长的协调性．经济研究，(2)．

[142] 涂正革，肖耿．2009．环境约束下的中国工业增长模式研究．世界经济，(11)．

[143] 王会，王奇．2011．中国城镇化与环境污染排放：基于投入产出的分析．中国人口科学，(5)．

[144] 王家庭，王璇．2010．我国城市化与环境污染的关系研究——基于28个省市面板数据的实证分析．城市问题，(11)．

[145] 王金南，逯元堂，吴舜泽，等．2009．环保投资与宏观经济关联分析．中国人口·资源与环境，(4)．

[146] 王珺红，杨文杰．2008．中国环保投资与国民经济增长的互动关系．经济管理（Z2)．

[147] 王晓明，牛海鹏，宋盼盼．2012．环保投资不均等与区域经济差异——基于1995—2009年我国数据的经验检验．管理现代化，(6)．

[148] 王益煊，吴优．2003．中国国有经济固定资本存量初步测算．统计研究，(5)．

[149] 乌家培．1993．正确处理信息化与工业化的关系．经济研究，(12)．

[150] 吴淑丽，昌先宇，谭竿荣．2010．中国环保投资废气治理效率差异及其影响因素研究．统计教育，(2)．

[151] 吴舜泽，陈斌，逯元堂，等．2007．中国环境保护投资失真问题分析与建议．中国人口·资源与环境，(3)．

[152] 吴玉萍，董锁成，宋健峰．2002．北京市经济增长与环境污染水平计量模型研究．地理研究，(3)．

[153] 肖静华，谢康，周先波，等．2006．信息化带动工业化的发展模式．中山大学学报（社会科学版），(1)．

[154] 谢康，肖静华，周先波，等．2012．中国工业化与信息化融合质量：理论与实证．经济研究，(1)．

[155] 徐现祥，周吉梅，舒元．2007．中国省区三次产业资本存量估计．统计研究，(5)．

[156] 徐旭川，杨丽琳．2006．公共投资就业效应的一个解释——基于 CES 生产函数的分析及其检验．数量经济技术经济研究，（11）．

[157] 闫逢柱，苏李，乔娟．2011．产业集聚发展与环境污染关系的考察——来自中国制造业的证据．科学学研究，（1）．

[158] 姚战琪，夏杰长．2005．资本深化，技术进步对中国就业效应的经验分析．世界经济，（1）．

[159] 尹希果，陈刚，付翔．2005．环保投资运行效率的评价与实证研究．当代财经，（7）．

[160] 于峰，齐建国．2007．开放经济下环境污染的分解分析．统计研究，（1）．

[161] 原毅军，耿殿贺．2010．环境政策传导机制与中国环保产业发展——基于政府，排污企业与环保企业的博弈研究．中国工业经济，（10）．

[162] 张晖，朱军．2009．经济可持续增长、生产技术局限性与环境品质需求——环保投资两重性角度的一个分析．财贸研究，（2）．

[163] 张军，吴桂英，张吉鹏．2004．中国省际物质资本存量估算：1952—2000．经济研究，（10）．

[164] 张军，章元．2003．对中国资本存量 K 的再估计．经济研究，（7）．

[165] 张坤民．1993．中国环境保护投资报告．北京：清华大学出版社．

[166] 张雷，李新春．2009．中国环保投资对经济增长贡献率实证分析．特区经济，（3）．

[167] 张平淡．2013．中国环保投资的就业效应：挤出还是带动？．中南财经政法大学学报，（1）．

[168] 张平淡，韩晶，杜雯翠．2013．工业 COD 排放强度的技术效应分析．中国人口·资源与环境，（4）．

[169] 张平淡，谭玥宁，贾鑫．2012．环保投资对就业规模和结构的影响．管理现代化，（5）．

[170] 张平淡，朱松，朱艳春．2012．环保投资对中国 SO_2 减排的影响——基于 LMDI 的分解结果．经济理论与经济管理，（7）．

[171] 张平淡，朱松，朱艳春．2012．我国环保投资的技术溢出效应——基于省级面板数据的实证分析．北京师范大学学报（社会科学版），（3）．

[172] 张赞．2006．中国工业化发展水平与环境质量的关系．财经科学，（2）．

[173] 赵振全，薛丰慧．2004．金融发展对经济增长影响的实证分析．金融研究，（8）．

[174] 周生贤．2011．探索中国环保新道路，要着力构建强大坚实的科技支撑体系．环境经济，（3）．

[175] 朱闰龙．2004．金融发展与经济增长文献综述．世界经济文汇，（6）．

[176] 朱艳春，张平淡，牛海鹏．2012．基于文献计量的环境库兹涅茨曲线研究评析．当代经济管理，（7）．

附录1 "十五"与"十一五"期间我国各地区工业SO_2全过程管理

地区	"十五"期间			"十一五"期间		
	源头防治	过程控制	末端治理	源头防治	过程控制	末端治理
北京	−0.0003 (13.66%)	−0.0009 (46.23%)	−0.0008 (40.11%)	−0.0002 (27.56%)↑	−0.0003 (37.02%)↓	−0.0002 (35.42%)↑
天津	0.0002 (−4.89%)	−0.0026 (67.53%)	−0.0014 (37.36%)	−0.0007 (21.76%)↑	−0.0010 (33.92%)↓	−0.0013 (44.32%)↑
河北	−0.0025 (34.89%)	0.0006 (−8.39%)	−0.0053 (73.49%)	0.0005 (−9.23%)↓	−0.0020 (36.78%)↑	−0.0039 (72.45%)↓
山西	0.0040 (−25.68%)	−0.0103 (65.74%)	−0.0094 (59.94%)	−0.0031 (27.82%)↑	−0.0055 (49.76%)↓	−0.0025 (22.42%)↓
内蒙古	0.0019 (−39.19%)	0.0013 (25.19%)	0.0057 (114.00%)	0.0016 (−9.44%)↑	−0.0077 (46.40%)↑	−0.0104 (63.04%)↓
辽宁	0.0005 (−719.06%)	−0.0017 (2 399.26%)	0.0011 (−1 580.21%)	−0.0006 (11.11%)↑	−0.0026 (49.82%)↓	−0.0020 (39.07%)↓
吉林	−0.0001 (29.94%)	−0.0009 (184.38%)	0.0006 (−114.32%)	−0.0001 (3.32%)↓	−0.0022 (59.19%)↓	−0.0014 (37.49%)↑
黑龙江	−0.0011 (78.85%)	−0.0014 (−105.16%)	0.0017 (126.31%)	0.0001 (−5.50%)↓	−0.0009 (38.70%)↑	−0.0015 (66.80%)↓
上海	−0.0010 (62.40%)	−0.0010 (60.72%)	0.0004 (−23.12%)	−0.0003 (13.93%)↓	−0.0006 (27.78%)↓	−0.0012 (58.29%)↑
江苏	−0.0001 (3.41%)	−0.0002 (3.67%)	−0.0040 (92.93%)	−0.0004 (15.58%)↑	−0.0010 (34.35%)↑	−0.0014 (50.06%)↓
浙江	−0.0004 (19.14%)	−0.0004 (21.05%)	−0.0011 (59.81%)	0.0000 (−0.89%)↓	−0.0009 (37.06%)↑	−0.0014 (62.05%)↑
安徽	0.0003 (−24.75%)	−0.0027 (229.50%)	0.0012 (−104.75%)	0.0009 (−24.21%)↑	−0.0017 (47.90%)↓	−0.0027 (76.31%)↑
福建	0.0007 (32.52%)	0.0010 (49.48%)	0.0004 (18.00%)	0.0000 (−1.85%)↓	−0.0009 (35.76%)↓	−0.0017 (66.09%)↑
江西	−0.0015 (−81.95%)	−0.0002 (−9.44%)	0.0034 (191.39%)	−0.0006 (10.39%)↑	−0.0025 (42.36%)↑	−0.0027 (47.24%)↓
山东	−0.0005 (8.27%)	0.0020 (−32.50%)	−0.0075 (124.23%)	−0.0002 (5.04%)↓	−0.0012 (33.51%)↑	−0.0022 (61.45%)↓
河南	0.0015 (−955.50%)	−0.0010 (656.96%)	−0.0003 (198.53%)	−0.0004 (6.67%)↓	−0.0021 (37.40%)↑	−0.0032 (55.93%)↑
湖北	−0.0015 (52.15%)	−0.0003 (12.11%)	−0.0010 (35.73%)	−0.0006 (13.17%)↓	−0.0018 (39.60%)↑	−0.0022 (47.23%)↑
湖南	0.0010 (−28.12%)	0.0020 (−53.33%)	−0.0067 (181.45%)	−0.0012 (23.84%)↑	−0.0018 (34.59%)↑	−0.0021 (41.56%)↓
广东	−0.0004 (21.55%)	−0.0004 (20.11%)	−0.0012 (58.34%)	−0.0001 (2.71%)↓	−0.0007 (30.56%)↑	−0.0015 (66.73%)↑
广西	−0.0460 (894.18%)	0.0443 (−860.94%)	−0.0034 (66.76%)	−0.0004 (4.90%)↓	−0.0033 (37.74%)↑	−0.0050 (57.36%)↓

地区	"十五"期间			"十一五"期间		
	源头防治	过程控制	末端治理	源头防治	过程控制	末端治理
海南	—	—	—	0.000 3 (−34.00%)	−0.000 3 (28.61%)	−0.000 9 (105.39%)
重庆	—	—	—	0.000 5 (−4.79%)	−0.003 2 (27.82%)	−0.008 8 (76.97%)
四川	−0.007 7 (119.76%)	0.007 3 (−112.28%)	−0.006 0 (92.52%)	0.000 8 (−13.50%) ↓	−0.002 2 (34.69%) ↑	−0.005 0 (78.81%) ↓
贵州	−0.002 1 (12.48%)	0.002 2 (−12.86%)	−0.017 2 (100.38%)	0.000 6 (−2.10%) ↓	−0.013 2 (44.54%) ↑	−0.017 1 (57.57%) ↓
云南	0.002 0 (−140.74%)	0.001 7 (−119.75%)	−0.005 1 (360.49%)	−0.000 2 (3.53%) ↑	−0.002 1 (46.51%) ↑	−0.002 3 (49.96%) ↓
西藏	—	—	—	—	—	—
陕西	0.000 8 (−15.65%)	0.000 5 (−9.82%)	−0.006 5 (125.47%)	−0.000 4 (4.46%) ↑	−0.004 1 (42.83%) ↑	−0.005 1 (52.71%) ↓
甘肃	−0.031 8 (2 462.94%)	0.027 5 (−2 132.23%)	0.003 0 (−230.72%)	−0.000 3 (3.96%) ↓	−0.004 0 (46.67%) ↑	−0.004 2 (49.36%) ↑
青海	—	—	—	0.002 3 (−32.09%)	−0.004 7 (66.16%)	−0.004 7 (65.93%)
宁夏	—	—	—	0.004 1 (−14.30%)	−0.014 9 (52.00%)	−0.017 9 (62.30%)
新疆	−0.001 4 (−204.52%)	−0.001 3 (−192.47%)	0.003 5 (496.99%)	0.003 9 (−189.11%) ↑	−0.001 6 (77.45%) ↑	−0.004 3 (211.65%) ↓

注：由于能源数据的缺失，"十五"期间海南，重庆，西藏，青海和宁夏的分解数据缺失，"十一五"期间西藏的分解数据缺失。↑表示分解效应相对于"十五"期间有所提高，↓表示分解效应相对于"十一五"期间有所下降。

附录2 "十五"与"十一五"期间我国各地区工业COD全过程管理

地区	"十五"期间			"十一五"期间		
	源头防治	过程控制	末端治理	源头防治	过程控制	末端治理
北京	−0.712 7 （1.61%）	−14.039 2 （31.75%）	−29.469 4 （66.64%）	−0.453 0 （59.23%）↑	−0.038 1 （4.98%）↑	−0.273 8 （35.79%）↓
天津	0.817 0 （−2.08%）	−10.575 0 （26.94%）	−29.495 8 （75.14%）	2.030 7 （−36.69%）↓	−5.596 9 （101.13%）↑	−1.968 1 （35.56%）↓
河北	12.042 6 （−15.12%）	−41.540 6 （52.17%）	−50.124 1 （62.95%）	1.980 5 （−10.96%）↑	−12.665 9 （70.10%）↑	−7.383 9 （40.86%）↓
山西	−19.393 8 （17.09%）	−39.073 8 （34.43%）	−55.028 2 （48.48%）	−0.805 5 （4.76%）↓	−7.390 6 （43.63%）↑	−8.742 9 （51.61%）↑
内蒙古	34.954 0 （−28.14%）	−91.583 4 （73.72%）	−67.605 3 （54.42%）	−15.140 7 （79.42%）↑	9.201 9 （−48.27%）↓	−13.126 0 （68.85%）↑
辽宁	14.560 5 （−14.41%）	−44.355 2 （43.91%）	−71.229 1 （70.51%）	−10.722 2 （71.90%）↑	−4.562 8 （30.60%）↓	0.373 3 （−2.50%）↓
吉林	−21.935 5 （14.69%）	−17.500 7 （11.72%）	−109.844 5 （73.58%）	−36.213 1 （170.04%）↑	21.475 6 （−100.84%）↓	−6.559 5 （30.80%）↓
黑龙江	−6.065 6 （4.64%）	−34.992 1 （26.79%）	−89.573 1 （68.57%）	−35.909 7 （364.25%）↑	27.746 2 （−281.44%）↓	−1.695 1 （17.19%）↓
上海	−7.289 1 （13.36%）	−9.977 2 （18.29%）	−37.274 2 （68.34%）	−4.723 5 （243.38%）↑	3.253 5 （−167.64%）↓	−0.470 8 （24.26%）↓
江苏	−12.448 0 （17.93%）	−12.962 0 （18.67%）	−44.010 9 （63.40%）	−22.588 5 （373.37%）↑	17.011 9 （−281.19%）↓	−0.473 2 （7.82%）↓
浙江	0.536 8 （−0.86%）	−22.141 8 （35.41%）	−40.924 1 （65.45%）	−20.770 0 （273.72%）↑	16.618 7 （−219.01%）↓	−3.436 7 （45.29%）↓
安徽	−6.006 2 （5.83%）	−25.783 1 （25.02%）	−71.255 1 （69.15%）	−37.356 6 （320.50%）↑	29.296 9 （−252.21%）↓	−3.696 0 （31.71%）↓
福建	9.775 6 （−15.78%）	−3.984 1 （6.43%）	−67.753 9 （109.35%）	−24.278 9 （431.54%）↑	19.595 0 （−348.29%）↓	−0.942 3 （16.75%）↓
江西	1.172 8 （−0.72%）	−31.541 9 （19.32%）	−132.906 3 （81.40%）	−49.733 9 （530.16%）↑	42.556 6 （−453.65%）↓	−2.203 6 （23.49%）↓
山东	−4.724 3 （5.83%）	−20.415 9 （25.20%）	−55.870 4 （68.97%）	1.225 2 （−18.76%）↓	−1.966 8 （30.12%）↑	−5.788 0 （88.64%）↑
河南	9.328 1 （−8.87%）	−48.156 4 （45.86%）	−66.159 4 （63.01%）	−20.174 0 （196.85%）↑	14.167 6 （−138.24%）↓	−4.242 2 （41.39%）↓
湖北	−16.725 2 （11.53%）	−28.348 7 （19.55%）	−99.961 8 （68.92%）	−39.464 6 （409.07%）↑	31.001 2 （−321.34%）↓	−1.183 9 （12.27%）↓
湖南	20.392 7 （−14.55%）	−286.683 3 （204.52%）	126.119 8 （−89.98%）	−64.561 6 （266.89%）↑	50.170 9 （−207.40%）↓	−9.800 0 （40.51%）↑
广东	9.334 3 （−11.85%）	−5.309 2 （6.74%）	−82.771 0 （105.11%）	−20.506 3 （387.55%）↑	15.222 2 （−287.68%）↓	−0.007 2 （0.14%）↓
广西	132.943 9 （−66.53%）	−159.347 4 （79.75%）	−173.410 7 （86.79%）	−173.626 7 （224.96%）↑	151.526 8 （−196.33%）↓	−55.081 5 （71.37%）↓

地区	"十五"期间			"十一五"期间		
	源头防治	过程控制	末端治理	源头防治	过程控制	末端治理
海南	19.356 2 (−17.25%)	−39.863 1 (35.53%)	−91.695 9 (81.72%)	−9.784 6 (152.30%) ↑	4.388 4 (−68.30%) ↓	−1.028 5 (16.01%) ↓
重庆	2.877 7 (−2.74%)	−43.655 4 (41.52%)	−64.364 3 (61.22%)	−49.891 1 (248.51%) ↑	21.940 8 (−109.29%) ↓	7.874 2 (−39.22%) ↓
四川	−2.583 6 (1.35%)	−49.608 3 (26.01%)	−138.543 1 (72.64%)	−59.932 4 (347.85%) ↑	41.934 5 (−243.39%) ↓	0.768 5 (−4.46%) ↓
贵州	−13.240 0 (7.73%)	−41.929 7 (24.47%)	−116.148 8 (67.80%)	−10.633 8 (269.62%) ↑	7.514 6 (−190.53%) ↓	−0.824 8 (20.91%) ↓
云南	28.114 5 (−24.83%)	−63.232 (55.84%)	−78.128 3 (68.99%)	−24.473 0 (204.99%) ↑	13.931 7 (−116.69%) ↓	−1.397 5 (11.71%) ↓
西藏	29.822 8 (−39.88%)	−47.949 4 (64.12%)	−56.653 3 (75.76%)	−12.595 8 (1 268.55%) ↑	12.101 9 (−1 218.81%) ↓	−0.499 0 (50.26%) ↓
陕西	26.767 5 (−21.33%)	−44.670 5 (35.60%)	−107.584 8 (85.73%)	−31.207 9 (173.21%) ↑	20.224 0 (−112.25%) ↓	−7.033 4 (39.04%) ↓
甘肃	−1.250 9 (1.62%)	−44.634 2 (57.89%)	−31.215 0 (40.49%)	−28.696 8 (274.66%) ↑	19.749 4 (−189.02%) ↓	−1.500 8 (14.36%) ↓
青海	−4.789 2 (10.06%)	1.347 0 (−2.83%)	−44.183 2 (92.77%)	−122.015 1 (908.39%) ↑	107.879 6 (−803.15%) ↓	0.703 5 (−5.24%) ↓
宁夏	−19.665 5 (5.22%)	63.214 6 (−16.78%)	−420.277 7 (111.56%)	−109.067 4 (130.93%) ↑	59.682 6 (−71.64%) ↓	−33.918 7 (40.72%) ↓
新疆	102.321 6 (−134.82%)	−137.153 6 (180.72%)	−41.061 1 (54.10%)	−19.941 8 (120.60%) ↑	13.332 3 (−80.63%) ↓	−9.926 4 (60.03%) ↑

注：↑表示分解效应相对于"十五"期间有所提高，↓表示分解效应相对于"十一五"期间有所下降。

附录 3 "十五"与"十一五"期间我国各地区工业粉尘全过程管理

地区	"十五"期间			"十一五"期间		
	源头防治	过程控制	末端治理	源头防治	过程控制	末端治理
北京	−0.000 1 (8.71%)	−0.000 4 (29.47%)	−0.000 7 (61.82%)	−0.000 1 (23.76%) ↑	−0.000 1 (31.92%) ↑	−0.000 1 (44.32%) ↓
天津	0.000 0 (−2.59%)	−0.000 3 (35.77%)	−0.000 5 (66.82%)	0.000 0 (23.75%) ↑	0.000 0 (37.03%) ↑	0.000 0 (39.22%) ↓
河北	−0.001 5 (28.62%)	0.000 4 (−6.88%)	−0.004 0 (78.26%)	0.000 2 (−5.34%) ↓	−0.000 8 (21.29%) ↑	−0.003 1 (84.06%) ↑
山西	0.002 3 (−28.16%)	−0.005 9 (72.10%)	−0.004 6 (56.07%)	−0.001 4 (16.38%) ↑	−0.002 5 (29.30%) ↓	−0.004 7 (54.33%) ↓
内蒙古	−0.000 6 (−19.54%)	0.000 4 (12.56%)	0.003 5 (106.98%)	0.000 3 (−6.51%) ↑	−0.001 3 (32.02%) ↑	−0.003 0 (74.50%) ↓
辽宁	0.000 3 (−13.29%)	−0.001 0 (44.33%)	−0.001 5 (68.95%)	−0.000 2 (4.85%) ↑	−0.000 7 (21.73%) ↓	−0.002 5 (73.43%) ↑
吉林	−0.000 1 (4.03%)	−0.000 5 (24.80%)	−0.001 4 (71.18%)	0.000 0 (1.52%) ↓	−0.000 6 (27.15%) ↑	−0.001 6 (71.33%) ↑
黑龙江	0.000 4 (−49.26%)	−0.000 5 (65.69%)	−0.000 7 (83.57%)	0.000 0 (−1.85%) ↑	−0.000 2 (13.03%) ↓	−0.001 2 (88.82%) ↑
上海	0.000 0 (19.89%)	0.000 0 (19.36%)	−0.000 1 (60.75%)	0.000 0 (28.30%) ↑	0.000 0 (56.45%) ↑	0.000 0 (15.26%) ↓
江苏	0.000 0 (4.24%)	0.000 0 (4.56%)	−0.000 8 (91.20%)	−0.000 1 (9.01%) ↑	−0.000 2 (19.86%) ↑	−0.000 7 (71.13%) ↓
浙江	−0.000 1 (5.30%)	−0.000 2 (5.83%)	−0.002 4 (88.88%)	0.000 0 (0.62%) ↓	−0.000 2 (25.75%) ↑	−0.000 6 (73.63%) ↓
安徽	0.000 2 (28.79%)	−0.002 1 (−266.96%)	0.002 7 (338.18%)	0.000 6 (−14.50%) ↓	−0.001 2 (28.70%) ↑	−0.003 4 (85.81%) ↓
福建	0.000 4 (−43.19%)	0.000 6 (−65.71%)	−0.002 0 (208.89%)	0.000 0 (−1.54%) ↑	−0.000 3 (29.79%) ↑	−0.000 8 (71.75%) ↓
江西	−0.001 0 (109.39%)	−0.000 1 (12.60%)	0.000 2 (−21.99%)	−0.000 3 (7.16%) ↓	−0.001 3 (29.18%) ↑	−0.002 9 (63.67%) ↑
山东	−0.000 2 (3.34%)	0.000 7 (−13.13%)	−0.005 5 (109.79%)	0.000 0 (3.35%) ↑	−0.000 2 (22.27%) ↑	−0.000 7 (74.38%) ↓
河南	0.001 0 (−16.91%)	−0.000 7 (11.63%)	−0.006 4 (105.28%)	−0.000 1 (3.27%) ↑	−0.000 6 (18.31%) ↑	−0.002 6 (78.42%) ↓
湖北	−0.001 0 (24.33%)	−0.000 2 (5.65%)	−0.002 7 (70.02%)	−0.000 2 (7.52%) ↓	−0.000 7 (22.61%) ↑	−0.002 2 (69.87%) ↓
湖南	0.001 1 (−24.01%)	0.002 1 (−45.53%)	−0.007 7 (169.54%)	−0.001 0 (14.52%) ↑	−0.001 4 (21.07%) ↑	−0.004 3 (64.41%) ↓
广东	−0.000 1 (9.14%)	−0.000 1 (8.53%)	−0.001 3 (82.34%)	0.000 0 (1.20%) ↓	−0.000 1 (13.59%) ↑	−0.000 7 (85.21%) ↑
广西	−0.029 5 (415.77%)	0.028 4 (−400.32%)	−0.006 0 (84.55%)	−0.000 2 (3.45%) ↓	−0.001 5 (26.53%) ↑	−0.003 8 (70.02%) ↓

地区	"十五"期间			"十一五"期间		
	源头防治	过程控制	末端治理	源头防治	过程控制	末端治理
海南	—	—	—	0.000 1 (−20.48%)	−0.000 1 (17.23%)	−0.000 6 (103.24%)
重庆	—	—	—	0.000 1 (−2.62%)	−0.000 7 (15.19%)	−0.003 9 (87.43%)
四川	−0.003 5 (48.18%)	0.003 2 (−45.17%)	−0.007 0 (96.99%)	0.000 2 (−6.70%) ↓	−0.000 5 (17.22%) ↓	−0.002 5 (89.48%) ↓
贵州	−0.000 8 (6.26%)	0.000 8 (−6.45%)	−0.012 4 (100.19%)	0.000 1 (−1.98%) ↓	−0.001 9 (41.88%) ↑	−0.002 7 (60.10%) ↓
云南	0.000 7 (−684.00%)	0.000 6 (−582.02%)	−0.001 4 (1 366.02%)	0.000 0 (2.01%) ↑	−0.000 6 (26.55%) ↑	−0.001 6 (71.43%) ↓
西藏	—	—	—	—	—	—
陕西	0.000 4 (−7.34%)	0.000 2 (−4.61%)	−0.006 0 (111.95%)	−0.000 1 (2.95%) ↑	−0.001 3 (28.34%) ↑	−0.003 1 (68.70%) ↓
甘肃	−0.011 5 (406.28%)	0.010 0 (−351.73%)	−0.001 3 (45.45%)	−0.000 1 (2.26%) ↓	−0.001 2 (26.58%) ↑	−0.003 1 (71.16%) ↑
青海	—	—	—	0.001 7 (−35.12%)	−0.003 5 (72.40%)	−0.003 0 (62.72%) ↑
宁夏	—	—	—	0.001 0 (−12.34%)	−0.003 5 (44.86%)	−0.005 3 (67.48%) ↑
新疆	−0.000 7 (-1 241.95%)	−0.000 7 (−1 168.78%)	0.001 5 (2 510.73%)	0.001 5 (−103.18%) ↑	−0.000 6 (42.26%) ↑	−0.002 3 (160.92%) ↓

注：由于数据缺失，个别地区在"十五"期间无法分解。↑表示分解效应相对于"十五"期间有所提高，↓表示分解效应相对于"十一五"期间有所下降。

附录4 环保投资数据库（2003—2010年）

单位：亿元

年份	地区	环保投资总额	城市基础设施建设投资	工业污染源治理投资	建设项目"三同时"环保投资	环保投资占GDP比重/%	来自政府的环保投资	来自企业的环保投资
2003	北京	64.5	45.8	6.4	12.3	1.76	50.45	14.05
2003	天津	51.5	39.3	8.7	3.5	2.1	40.54	10.98
2003	河北	75.8	59.5	9.9	6.4	1.07	61.65	14.12
2003	山西	32	15.2	6.4	10.4	1.3	15.70	16.35
2003	内蒙古	28	21.5	2.8	3.7	1.3	21.74	6.20
2003	辽宁	88	54.8	15.4	17.8	1.47	58.61	29.42
2003	吉林	22.4	13.4	2.6	6.3	0.89	13.55	8.79
2003	黑龙江	56.1	43.2	4.9	8	1.27	44.56	11.53
2003	上海	79.4	75.1	2.8	1.5	1.27	75.10	4.27
2003	江苏	179.4	141.2	15	23.2	1.44	142.20	37.23
2003	浙江	139.3	104.3	10.5	24.6	1.48	105.08	34.27
2003	安徽	28	21.6	5.8	0.6	0.71	22.33	5.67
2003	福建	34.9	12.7	12.9	9.3	0.67	13.50	21.39
2003	江西	21.6	18.8	0.9	1.9	0.76	18.80	2.74
2003	山东	156.4	100.6	35.2	20.6	1.26	102.79	53.56
2003	河南	48.1	32.8	9.5	5.8	0.68	33.21	14.84
2003	湖北	31.8	17.7	9.4	4.6	0.59	18.71	13.02
2003	湖南	25.6	9.8	3.4	12.4	0.55	10.08	15.52
2003	广东	123.6	66.9	25.1	31.6	0.91	74.18	49.39
2003	广西	27.5	16.2	2.4	8.9	1.01	16.46	11.05
2003	海南	3.6	3.1	0.3	0.3	0.54	3.10	0.57
2003	重庆	40.1	30.9	1.4	7.8	1.78	31.04	9.08
2003	四川	59.7	41.7	9.9	8.1	1.09	42.05	17.65
2003	贵州	10	5.9	2.5	1.6	0.74	6.01	4.02
2003	云南	17.1	9.1	4.5	3.6	0.7	9.31	7.88
2003	西藏	0.3	0.3			0.17	0.30	0.00
2003	陕西	30.8	20.9	5.5	4.4	1.29	21.31	9.52
2003	甘肃	13.3	8.9	3.6	0.9	1.02	9.33	4.05
2003	青海	3.7	2.6	0.2	0.9	0.95	2.67	1.07
2003	宁夏	16	12.8	1.2	2.1	4.16	12.80	3.26
2003	新疆	35.6	26	2.7	6.9	1.89	26.38	9.17
2004	北京	65.4	52	4.8	8.6	1.38	52.82	12.56
2004	天津	42.7	31.1	7.3	4.4	1.01	31.59	11.16
2004	河北	91.2	69	13.1	9.2	1.30	71.37	19.92

年份	地区	环保投资总额	城市基础设施建设投资	工业污染源治理投资	建设项目"三同时"环保投资	环保投资占GDP比重/%	来自政府的环保投资	来自企业的环保投资
2004	山西	45	18	17.7	9.3	1.93	19.57	25.42
2004	内蒙古	44.3	34.7	4.3	5.3	1.59	34.91	9.37
2004	辽宁	118.9	65.9	22.7	30.3	1.20	68.00	50.85
2004	吉林	35.4	25.5	4.2	5.7	0.93	25.61	9.81
2004	黑龙江	61.3	46.8	5.4	9	1.19	48.59	12.64
2004	上海	70.3	53.8	4.5	11.9	1.09	54.00	16.22
2004	江苏	205	134.6	22	48.4	1.28	136.60	68.38
2004	浙江	158.3	89.3	11.3	57.7	2.42	90.40	67.85
2004	安徽	41.3	28.3	6.1	6.9	1.57	29.22	12.08
2004	福建	52.6	15.6	22.5	14.5	0.77	16.20	36.35
2004	江西	29.6	18.7	6	4.9	0.56	18.75	10.80
2004	山东	191.9	124.5	40.3	27.2	1.40	128.59	63.36
2004	河南	61.1	40.2	14.2	6.7	0.61	40.74	20.33
2004	湖北	44.8	27.1	9.8	7.9	0.80	27.91	16.91
2004	湖南	29	15.7	7.9	5.4	0.79	16.12	12.88
2004	广东	112.2	61.1	26.1	25.1	0.45	61.49	50.77
2004	广西	32	20.5	3.6	7.9	1.32	21.10	10.87
2004	海南	7.2	3.2	0.2	3.8	0.84	3.20	3.99
2004	重庆	48.2	32.3	2.9	13.1	1.16	32.69	15.58
2004	四川	74.7	43.4	22.2	9.1	0.80	44.68	29.98
2004	贵州	15.4	7	4.1	4.3	0.65	7.61	7.75
2004	云南	22.6	10.6	4.6	7.4	0.77	10.76	11.85
2004	西藏	0.5	0.4		0.1	0.05	0.40	0.10
2004	陕西	35.7	25.8	5.4	4.5	1.03	26.04	9.66
2004	甘肃	16.5	8.5	6	2	0.99	9.13	7.36
2004	青海	6.3	1.2	0.3	4.8	1.78	1.20	5.06
2004	宁夏	18.1	10.4	5.3	2.4	2.57	10.44	7.68
2004	新疆	37.8	26	3.8	8	1.14	26.28	11.52
2005	北京	84.90	66.0	10.9	8.0	1.23	67.40	17.48
2005	天津	71.4	28.5	18.6	24.3	1.93	28.86	42.56
2005	河北	121.4	75.2	25.2	21.0	1.20	78.39	42.95
2005	山西	48.5	17.5	19.8	11.2	1.16	20.21	28.28
2005	内蒙古	68.0	47.8	2.6	17.6	1.75	48.01	19.96
2005	辽宁	129.0	75.0	36.9	17.1	1.61	76.80	52.25
2005	吉林	34.0	25.4	5.2	3.4	0.94	25.89	8.06
2005	黑龙江	46.7	37.9	4.6	4.2	0.85	39.45	7.21
2005	上海	88.1	50.4	8.8	28.9	0.96	50.64	37.42
2005	江苏	294.3	182.0	38.9	73.4	1.61	183.50	110.84

年份	地区	环保投资总额	城市基础设施建设投资	工业污染源治理投资	建设项目"三同时"环保投资	环保投资占GDP比重/%	来自政府的环保投资	来自企业的环保投资
2005	浙江	160.3	84.3	19.9	56.1	1.19	86.50	73.85
2005	安徽	49.3	38.3	4.5	6.5	0.92	39.14	10.20
2005	福建	80.9	26.1	34.5	20.3	1.23	26.40	54.54
2005	江西	37.1	20.8	7.2	9.1	0.91	20.90	16.23
2005	山东	238.8	156.6	60.5	21.7	1.29	157.78	81.02
2005	河南	82.4	44.3	20.7	17.4	0.78	45.59	36.79
2005	湖北	62.0	36.0	14.8	11.2	0.95	37.50	24.51
2005	湖南	37.7	15.6	14.1	8.0	0.58	17.33	20.40
2005	广东	171.5	81.7	37.0	52.8	0.77	82.50	89.04
2005	广西	41.4	24.1	10.4	6.9	1.01	25.08	16.29
2005	海南	6.3	3.8	0.4	2.1	0.70	3.86	2.42
2005	重庆	50.2	34.7	3.9	11.6	1.64	35.64	14.57
2005	四川	78.3	43.9	20.0	14.4	1.06	44.70	33.65
2005	贵州	14.1	4.1	5.9	4.1	0.71	4.36	9.77
2005	云南	28.4	10.7	6.8	10.9	0.82	10.97	17.38
2005	西藏	0.5	0.5			0.19	0.50	0.00
2005	陕西	36.5	18.6	12.7	5.2	0.99	18.97	17.52
2005	甘肃	20.4	9.8	6.7	3.9	1.05	10.78	9.59
2005	青海	5.3	1.5	0.5	3.3	0.97	1.50	3.77
2005	宁夏	12.1	7.1	1.8	3.2	2.00	7.11	4.96
2005	新疆	33.5	21.7	4.4	7.4	1.28	22.00	11.49
2006	北京	165.5	126.7	10.1	28.7	2.10	129.03	15.71
2006	天津	40.8	17.9	15.0	7.9	0.93	18.54	42.81
2006	河北	132.2	84.6	19.1	28.5	1.13	86.46	29.91
2006	山西	63.2	13.7	36.8	12.7	1.33	17.71	62.35
2006	内蒙古	104.8	57.5	37.7	29.6	2.19	57.81	33.92
2006	辽宁	145.8	77.3	52.0	16.5	1.58	79.07	57.37
2006	吉林	42.3	31.2	4.0	7.1	0.99	31.28	12.10
2006	黑龙江	54.2	40.2	5.8	8.2	0.88	40.35	43.47
2006	上海	94.3	50.6	5.9	37.8	0.91	50.61	99.21
2006	江苏	282.7	161.4	28.0	93.3	1.31	162.62	84.19
2006	浙江	140.3	57.9	25.0	57.4	0.89	58.51	34.33
2006	安徽	52.0	36.6	5.5	9.9	0.84	37.27	20.09
2006	福建	59.8	24.9	19.6	15.3	0.79	25.24	25.86
2006	江西	37.5	24.0	6.9	6.6	0.80	24.33	44.43
2006	山东	258.1	160.5	59.7	37.9	1.17	162.40	80.76
2006	河南	95.1	47.4	24.7	23.0	0.76	49.15	37.29
2006	湖北	67.7	38.5	14.9	14.3	0.89	39.70	21.69

年份	地区	环保投资总额	城市基础设施建设投资	工业污染源治理投资	建设项目"三同时"环保投资	环保投资占GDP比重/%	来自政府的环保投资	来自企业的环保投资
2006	湖南	54.0	28.7	17.3	8.0	0.71	30.74	81.69
2006	广东	160.4	62.6	31.4	66.4	0.61	63.86	37.01
2006	广西	41.2	25.6	8.7	6.9	0.85	25.97	10.99
2006	海南	8.3	3.5	2.1	2.7	0.79	3.51	25.83
2006	重庆	60.1	32.7	3.7	23.7	1.72	33.27	22.40
2006	四川	71.1	31.5	20.3	19.3	0.82	32.84	23.26
2006	贵州	19.8	5.4	10.1	4.3	0.86	7.17	17.81
2006	云南	29.0	10.1	9.4	9.5	0.72	10.42	9.09
2006	西藏	1.7	1.7			0.59	1.71	12.40
2006	陕西	41.0	21.2	7.4	12.4	0.91	21.43	10.15
2006	甘肃	27.8	11.2	13.6	3.0	1.22	13.48	12.77
2006	青海	6.1	3.9	0.8	1.4	0.94	4.03	4.44
2006	宁夏	21.3	13.5	4.0	3.8	3.00	133.56	10.23
2006	新疆	23.3	12.5	4.5	6.3	0.77	12.72	45.51
2007	北京	185.3	136.0	8.1	41.2	1.98	136.41	32.41
2007	天津	59.8	20.1	15.1	24.7	1.18	20.47	76.19
2007	河北	170.2	87.2	21.5	61.5	1.24	90.61	36.83
2007	山西	97.0	32.6	45.7	18.7	1.69	34.02	66.80
2007	内蒙古	90.5	51.3	16.7	22.5	1.49	52.09	38.25
2007	辽宁	125.1	79.1	23.7	22.3	1.14	79.95	33.85
2007	吉林	50.9	31.9	8.0	11.0	0.96	32.16	16.97
2007	黑龙江	58.7	39.3	10.2	9.2	0.83	40.05	47.76
2007	上海	123.0	68.3	16.4	38.3	1.01	69.94	118.29
2007	江苏	318.2	161.0	53.7	103.5	1.24	162.52	142.58
2007	浙江	177.4	65.6	21.4	90.4	0.94	67.07	45.51
2007	安徽	82.4	45.3	11.4	25.6	1.12	46.49	34.19
2007	福建	78.0	40.2	13.8	24.0	0.84	40.50	32.50
2007	江西	45.5	18.2	8.3	19.0	0.83	18.44	87.53
2007	山东	320.8	174.0	67.3	79.5	1.24	177.00	103.64
2007	河南	114.4	41.3	33.8	39.3	0.76	43.27	39.15
2007	湖北	64.3	38.2	18.9	7.3	0.70	39.22	34.57
2007	湖南	64.6	34.4	13.4	16.7	0.70	34.83	53.24
2007	广东	153.6	67.0	46.3	40.3	0.49	67.60	51.27
2007	广西	65.5	41.7	18.2	5.6	1.10	41.96	23.43
2007	海南	14.9	9.0	0.4	5.5	1.22	9.01	25.78
2007	重庆	63.7	28.3	10.0	25.4	1.55	29.21	38.00
2007	四川	102.2	53.2	20.1	28.9	0.97	54.36	28.64
2007	贵州	22.4	8.1	4.6	9.7	0.82	8.32	20.25

年份	地区	环保投资总额	城市基础设施建设投资	工业污染源治理投资	建设项目"三同时"环保投资	环保投资占GDP比重/%	来自政府的环保投资	来自企业的环保投资
2007	云南	29.9	5.3	8.6	15.9	0.63	5.45	9.00
2007	西藏	0.6			0.5	0.15	0.01	24.61
2007	陕西	63.8	29.4	9.7	24.6	1.17	29.58	18.22
2007	甘肃	38.1	14.5	14.9	8.7	1.41	15.42	19.09
2007	青海	10.6	4.7	0.8	5.1	1.35	4.74	7.15
2007	宁夏	33.4	22.4	4.6	6.4	3.76	22.51	13.32
2007	新疆	35.2	19.7	6.7	8.8	1.00	20.57	31.90
2008	北京	152.9	119.0	7.8	26.1	1.46	120.40	22.45
2008	天津	68.1	35.3	16.8	16.0	1.07	36.34	87.79
2008	河北	208.3	115.7	20.6	72.0	1.29	116.89	64.78
2008	山西	140.9	42.6	52.9	45.4	2.03	45.12	81.68
2008	内蒙古	135.0	81.8	21.9	31.3	1.74	81.87	49.69
2008	辽宁	163.7	115.5	20.2	28.0	1.22	116.44	43.22
2008	吉林	59.6	26.2	9.4	24.0	0.93	26.71	34.38
2008	黑龙江	98.8	63.8	9.5	25.5	1.19	64.35	80.86
2008	上海	153.5	71.2	10.4	71.9	1.12	71.43	180.76
2008	江苏	395.9	185.6	39.7	170.6	1.31	186.86	437.95
2008	浙江	519.7	105.4	14.8	399.5	2.42	105.73	71.17
2008	安徽	139.0	70.8	11.5	56.7	1.57	71.30	44.74
2008	福建	83.1	33.8	15.6	33.7	0.77	33.91	25.66
2008	江西	39.2	23.9	5.1	10.2	0.60	24.30	128.67
2008	山东	432.2	223.8	84.4	124.0	1.39	226.83	116.79
2008	河南	109.9	49.9	24.6	35.4	0.60	50.83	49.28
2008	湖北	90.1	48.4	16.1	25.6	0.80	49.20	39.85
2008	湖南	91.4	52.5	14.4	24.5	0.82	53.10	51.09
2008	广东	164.6	87.0	40.3	37.3	0.46	88.05	70.98
2008	广西	93.0	46.3	15.0	31.7	1.30	46.55	19.42
2008	海南	12.7	7.6	0.4	4.7	0.87	7.64	24.44
2008	重庆	67.3	33.5	9.7	24.1	1.32	34.06	49.48
2008	四川	100.7	41.0	19.4	40.3	0.81	42.25	23.13
2008	贵州	23.2	7.9	10.2	5.1	0.70	8.31	34.89
2008	云南	44.1	8.7	10.3	25.1	0.77	8.97	10.00
2008	西藏	0.2	0.2			0.05	0.20	21.60
2008	陕西	75.5	43.2	10.7	21.6	1.10	43.44	15.32
2008	甘肃	31.2	14.5	11.8	4.9	0.98	15.33	21.92
2008	青海	18.1	6.1	1.1	10.9	1.88	6.12	9.89
2008	宁夏	30.9	13.0	9.1	8.8	2.81	13.68	20.19
2008	新疆	47.7	27.0	8.9	11.8	1.13	27.29	33.60

年份	地区	环保投资总额	城市基础设施建设投资	工业污染源治理投资	建设项目"三同时"环保投资	环保投资占GDP比重/%	来自政府的环保投资	来自企业的环保投资
2009	北京	208.7	180.2	3.4	25.0	1.72	181.38	31.87
2009	天津	103.7	56.1	18.0	29.6	1.38	56.78	93.72
2009	河北	248.6	159.0	13.2	76.4	1.44	159.74	67.88
2009	山西	157.8	63.8	38.7	55.4	2.14	65.67	61.21
2009	内蒙古	155.2	113.0	17.8	24.4	1.59	113.20	49.92
2009	辽宁	204.9	152.9	19.7	32.3	1.35	154.16	34.09
2009	吉林	66.1	42.4	7.9	15.7	0.91	42.77	21.36
2009	黑龙江	107.8	84.1	9.9	13.8	1.26	84.56	98.76
2009	上海	160.1	63.9	6.8	89.3	1.06	64.01	116.73
2009	江苏	369.9	232.8	27.1	110.0	1.07	233.89	105.57
2009	浙江	198.0	99.1	19.4	79.6	0.86	102.18	51.37
2009	安徽	139.2	93.3	10.8	35.1	1.38	93.69	53.34
2009	福建	87.2	31.5	12.9	42.9	0.71	31.78	30.59
2009	江西	70.4	48.5	4.0	18.0	0.92	48.67	115.69
2009	山东	459.5	296.0	51.6	111.9	1.36	297.95	97.64
2009	河南	121.3	57.9	15.4	48.0	0.62	58.28	66.95
2009	湖北	150.6	70.6	28.1	51.9	1.16	71.52	69.86
2009	湖南	146.4	90.3	13.4	42.7	1.12	91.26	46.52
2009	广东	240.1	183.3	22.7	34.1	0.61	183.65	57.90
2009	广西	132.3	85.0	11.7	35.5	1.70	85.14	15.67
2009	海南	19.7	15.2	0.4	4.1	1.19	15.20	40.95
2009	重庆	109.7	62.1	7.1	40.6	1.68	62.83	48.75
2009	四川	103.5	51.5	9.6	42.4	0.73	52.10	16.12
2009	贵州	21.2	5.1	8.9	7.1	0.54	5.33	45.31
2009	云南	79.6	33.5	9.5	36.6	1.29	33.76	9.23
2009	西藏	2.7	2.7			0.61	2.70	37.40
2009	陕西	119.1	61.0	20.6	37.4	1.46	61.81	33.29
2009	甘肃	44.4	18.6	12.3	13.5	1.31	19.72	16.81
2009	青海	12.3	3.7	2.9	5.6	1.13	3.88	17.16
2009	宁夏	28.7	10.0	4.3	14.4	2.12	10.05	23.40
2009	新疆	78.2	44.8	14.3	19.1	1.83	45.28	70.37
2010	北京	231.4	173	1.9	56.5	1.68	173.03	29.30
2010	天津	109.7	65.8	16.5	27.4	1.20	67.49	94.88
2010	河北	370.9	279.9	10.9	80.1	1.84	280.45	103.11
2010	山西	206.9	86.1	28	92.8	2.28	87.46	76.69
2010	内蒙古	238.9	175.6	13.2	50.1	2.05	175.84	63.10
2010	辽宁	206.5	141.6	14.8	50.1	1.13	142.26	61.21
2010	吉林	124.2	70.8	6.3	47.1	1.45	71.29	59.35

年份	地区	环保投资总额	城市基础设施建设投资	工业污染源治理投资	建设项目"三同时"环保投资	环保投资占GDP比重/%	来自政府的环保投资	来自企业的环保投资
2010	黑龙江	131.3	72.8	4.9	53.5	1.28	73.19	41.96
2010	上海	134	87.1	9.4	37.4	0.79	87.21	157.10
2010	江苏	466.4	300	18.6	147.8	1.14	300.82	244.28
2010	浙江	333.7	95.2	12	226.5	1.23	95.79	52.97
2010	安徽	179.9	132.4	5.9	41.6	1.47	132.61	41.98
2010	福建	129.7	78	15.3	36.3	0.90	78.10	39.83
2010	江西	156.5	125.5	6.4	24.6	1.66	126.07	159.41
2010	山东	483.9	284.6	45.7	153.6	1.23	285.66	93.32
2010	河南	132.2	71	12.5	48.7	0.58	72.44	40.27
2010	湖北	146.8	89.9	27.7	29.2	0.93	90.48	57.86
2010	湖南	106.6	62.1	13.8	30.7	0.67	63.14	135.16
2010	广东	1 416.2	1 262.7	31.1	122.4	3.11	1 263.05	86.51
2010	广西	164.1	99	9.3	55.8	1.73	99.12	20.77
2010	海南	23.6	11.6	0.4	11.6	1.15	11.64	44.30
2010	重庆	176.3	124.6	7.8	43.9	2.23	125.53	44.32
2010	四川	89	44.3	7.2	37.5	0.53	44.84	23.12
2010	贵州	30	6.7	6.8	16.5	0.65	7.01	42.59
2010	云南	106.2	59.4	10.6	36.1	1.47	59.67	10.35
2010	西藏	0.3	0.3	0	0	0.06	0.30	36.50
2010	陕西	179.2	109.1	33.7	36.5	1.79	113.24	36.62
2010	甘肃	63.9	42.1	14.6	7.1	1.55	43.37	23.08
2010	青海	17	6.3	1	9.7	1.26	6.33	11.24
2010	宁夏	34.5	20.1	4.1	10.3	2.10	20.10	29.59
2010	新疆	78.4	46.2	6.7	25.5	1.45	46.34	6.54

后 记

　　本书几易其稿，终于即将交付出版。然而此时，我们感到的并不是轻松与愉悦，更多的是忧心与责任。"钓而不纲，弋不射宿"，早在几百年前，古人就十分重视人与自然、环境的和谐关系。只是人类在利用自然环境满足欲望的道路上，忘记了起点，更忽视了终点。

　　在我国工业化与城市化快速发展的现阶段，强调政治、经济、社会、文化、生态五位一体，突出生态文明建设，不仅是亡羊补牢，更是居安思危。纵观先行工业国与新兴经济体的发展历程，我们发现，历史曾是那样惊人的相似。20世纪50年代，曾经轰动世界的八大公害事件中，1件发生在比利时，1件发生在英国，2件发生在美国，其余4件均发生在日本。当时，美、英两国的人均GDP分别为9 561美元、6 939美元，城市化率分别为64.15%、78.98%，正处于所谓中等发达国家工业化（人均GDP为8 000美元）与城市化（城市化率为70%）发展的重要关口。20世纪五六十年代，日本经济增速始终稳定在7%左右，正是其经济发展的高速时代。这让我们不禁想到中国，2012年，我国人均GDP实现6 100美元，城市化率达到52.57%，经济增长速度为7.8%。可见，我国正处于20世纪50年代先行工业化国家环境问题突发的时间节点。

　　我国能否绕开发达国家环境问题爆发的节点，顺利完成工业化与城市化的历史任务，取决于我们能够处理好工业化、城市化与环境问题的关系。从世界各国的发展历史看，工业化与城市化是紧密相连、不可分割的，工业企业的扩大生产吸引了人口与资本的集聚，推动了城市化，城市化则为工业化创造了更多的需求。不论是工业化，还是城市化，都与环境息息相关。首先，工业化发展消耗了大量能源，释放出各种污染物；同时，工业化还为环境污染治理提供了资金来源，这使得环境污染源自工业化，而污染治理在某种程度上又要依赖于工业化。其次，城市中人口与工业的超速集中与过度集聚带来了不容忽视的资源环境问题，然而人口与工业的集中又便于有限的环保投资应用于污染治理，从而发挥更大的治理效力。

　　在我国工业化即将实现、城市化加速前进的背景下，如何充分解决工业化压缩式发展积累的环境污染，及时应对城市化快速发展带来的环境污染，成为摆在各级政府面前的无法回避的难题。我国不可能借鉴发达国家的经验，寻找"污染避难所"，将高污染产业转移到欠发达国家或地区，因为那些高污染行业大多是资本密集型与劳动密集型行业，这类产业跨国转移意味着资本输出和就业减少，这两种情况对于我国这种人口大国来说都是极其不利的。我国也不可能通过产业的国内区域转移，将高污染产业由东部地区转移至中西部地区，以此缓解东部地区的环境问题，带动中西部欠发达地区的经济发展。因为西部地区是全国的生态涵养区，以青海省为例，青海是三江源头，生态极其脆弱，既不能大张旗鼓地开展工业化，也不能大规模地搞城市化，如果为了眼前的GDP而放弃全国的生态屏障，是得不偿失的。因此，中国要以人口大国的基本国情为出发点，实施区域性的工业化与城市化建设，部分区域以经济建设为主，部分区域以生态涵养为主，利用区域间的拉动与带动实现工业化与生态文明的成果共享，以此解决工业化、城市化与环境的矛盾关系。

正是在这个工业化、城市化与环境矛盾凸显的时刻，本书以环保投资为研究视角，探讨了环境经济政策与经济增长、技术进步、就业保障、环保产业与环保企业发展等问题的作用机理与影响效果，目的就是揭示出环境经济政策与宏观经济运行，中观产业发展，以及微观企业决策的系统关系，在发展与保护的双重目标下找到环保投资最优点，为我国环境经济政策的制定与效果评价提供参考，为我国环境质量改善与经济持续发展尽绵薄之力。

本书是环保公益性行业科研专项"治污减排对经济结构调整的作用机理、效果评估及协同预警研究"（项目号：201009066）的研究成果，书中的每个章节都是课题组全体成员集体智慧的成果。自2010年立项至2013年结项，我们因这个项目围坐一堂，因这个项目开始了环境经济与环境管理研究工作的探索，也因这个项目成为志同道合的朋友，更因这个项目让我们每个人深深感受到一种社会使命感与历史责任感。特别感谢课题组的全体成员：北京师范大学的张平淡教授、朱松副教授、朱艳春副教授、何浩然副教授、孙舒平老师，中国人民大学的牛海鹏副教授、夏晓华副教授，北京林业大学的王海燕副教授，北京交通大学的何晓明副教授，北京理工大学的曲华超硕士，以及在若干次项目研讨会上为我们提出宝贵意见的专家。

书中所有错误与不足均由笔者负责。最后，恳请各位学者和专家批评指导。

作者
于 2014 年 10 月